Waldhumusdiagnose
auf biomorphologischer Grundlage

Von

Dipl.-Ing. Dr. **Franz Hartmann**

em. o. Professor an der Hochschule für Bodenkultur
Wien

Mit 117 Abbildungen (davon 85 farbigen) auf 41 Tafeln

1965

In Kommission

Springer-Verlag

Wien · New York

ISBN-13: 978-3-7091-7926-0   e-ISBN-13: 978-3-7091-7925-3
DOI: 10.1007/978-3-7091-7925-3

Manzsche Buchdruckerei, Wien IX

Titel Nr. 9157

Vorwort

Die überragende ökologische Bedeutung des Humus im Lebenshaushalt des Waldes stellt die Humusfrage in die erste Reihe forstlichen Denkens und Handelns. Die Produktivität unserer Wälder steht und fällt mit dem Humuszustand. Guter Waldhumus ist der Inbegriff der Waldbodenfruchtbarkeit. Schlechter Humus ist hingegen der Ausgangspunkt für Unfruchtbarkeit, Waldzerstörung, Walderkrankung und Walduntergang. Die Erstellung richtiger *Waldhumusdiagnosen* wird damit zu einem Postulat für die Forstwirtschaft, wenn diese biologische Produktionshöchstleistungen erreichen will.

Eine planmäßige Durchführung von Waldhumusdiagnosen setzt eine klare, für forstliche Zwecke geeignete Typisierung und systematische Einordnung der Waldhumusbildungen voraus. Im forstlichen Schrifttum scheinen jedoch — wie namhafte Autoren bestätigen — viele Unstimmigkeiten und Unzulänglichkeiten auf. Mit Recht wird festgestellt, daß sich Klassifikation und schematische Gliederung der Waldhumusbildungen noch zu tief im Hypothetischen befinden und daß noch nicht jene Klarheit vorliegt, die für die Erstellung brauchbarer Waldhumusdiagnosen genügt.

Dieser Tatbestand stellte mich vor die Aufgabe, diesen Fragenkomplex einer für forstliche Belange möglichst ausreichenden Klärung beziehungsweise Erweiterung zuzuführen. Es waren im besonderen zu erheben: Unterschiede in den Entstehungsbedingungen für Waldhumusbildungen, Unterschiede in den sich daraus ergebenden Waldhumusentwicklungen und letztlich Unterschiede in der forstökologischen Eigenart der auf diese Weise festgestellten Waldhumustypen.

Die einschlägigen Untersuchungen und vergleichenden Beobachtungen wurden in verschiedenen, voneinander abweichenden Wuchsgebieten Europas und der USA, auf unterschiedlichsten Standorten mit wechselnden Standorts- und Waldzuständen, durchgeführt. Die Beziehung zum Waldbau wurde in keinem Fall außer acht gelassen. Daraus ergaben sich wertvolle Schlüsse für die Unterscheidung zwischen *normal-natürlichen* und *pathologischen* Humuszuständen.

Das Ziel dieser weitläufigen und langjährigen Untersuchungen war die Erarbeitung geeigneter Grundlagen für die praktische Durchführung von Waldhumusdiagnosen. Die Erkenntnis, daß sich biologische Eigenart, Entwicklungsrichtung und Entwicklungszustand des Waldhumus an morphologischen Merkmalen sehr gut abzeichnen, lenkte mich auf die *biomorphologische* Betrachtungsweise der Waldhumusbildungen.

Der Umstand, daß sich die Vorgänge bei der Humusbildung zum großen Teil innerhalb kleiner und kleinster Dimensionen abspielen, führte zwangsläufig zur weitgehenden Heranziehung der *Humusmikroskopie*. Diese bringt nur dann den erwarteten Erfolg, wenn das Mikrobild einer synthetischen Beurteilung unterzogen wird, bei der die daselbst waltenden Zusammenhänge und Beziehungen die notwendige Berücksichtigung finden. Die Vielfältigkeit bei den Humusbildungen erfordert, neben dem notwendigen Fachwissen auf diesem Spezialgebiet, methodische Übung und eine geschulte Beobachtungsgabe.

Für den praktisch tätigen Forstmann wird als Grundlage für die Durchführung von Waldhumusdiagnosen die bildmäßig reichlich untermauerte *Charakteristik der wichtigsten Typen der Waldhumusbildungen* und der auf dieser Basis aufgebaute *Waldhumus-Bestimmungsschlüssel* bereitgestellt.

Dieses Buch richtet sich im besonderen auch an die studierende Jugend. Es soll ihr ein Helfer sein bei der Lösung der später in der Praxis auftretenden, einschlägigen Probleme. Aber auch für jene ist das Buch gedacht, die sich in unserer Zeit der Mechanisierung und Automatisierung noch den Sinn für die biologischen Vorgänge in der Natur erhalten haben und denen ein bildmäßiger Einblick auch in die Vorgänge des unterirdischen Lebensraumes unserer Wälder Freude bereitet und ihr Interesse auslöst.

Die biomorphologische Waldhumusdiagnose verlangte, vermöge ihrer methodisch betont visuellen Ausrichtung, eine verhältnismäßig reiche Ausstattung des Buches mit Vierfarbendrucken. Dies erschwerte die finanzielle Bedeckung des Buches. Die Drucklegung wurde erst durch Beistellung eines namhaften Druckkostenbeitrages durch den *Österreichischen Forschungsrat* ermöglicht. Es ist meine angenehme Pflicht, dafür meinen besonderen Dank zum Ausdruck zu bringen. An dieser Stelle sei es mir gestattet dem Herrn Bundesminister für Land- und Forstwirtschaft a. D., Dipl.-Ing. EDUARD HARTMANN, für das große Interesse an der Herausgabe dieses Buches und für die Förderung dieses Vorhabens höflichst zu danken. Es ist mir weiters ein besonderes Bedürfnis auch dem *Springer-Verlag, Wien,* für das große Entgegenkommen und für die wertvollen Bemühungen meinen besten Dank auszsuprechen. Mein Dank gilt auch meiner Tochter Dipl. Forsting. LORE KREMSER-HARTMANN, die mir als treue Mitarbeiterin bei den umfangreichen technischen Vorarbeiten, beim Korrigieren des Druckes und bei den sonstigen, mit der Herausgabe des Buches verbundenen Arbeiten und Aufgaben wertvolle Hilfe leistete.

Wien, im November 1964 FRANZ HARTMANN

Inhalt

A. Einführung

Die Erstellung praktisch ausreichender *Waldhumusdiagnosen* setzt voraus, daß man sich vorerst über den *Humusbegriff* klar ist und weiters in die *Humusbildungsvorgänge* (normal-natürlicher und pathologischer Art) soweit Einblick gewonnen hat, daß aus den wesentlichen Unterschieden der Entstehungsbedingungen eine schematische Einteilung der Humusbildungen möglich wird. Zudem müssen nach E. EHWALD (1956) die derart auseinander gehaltenen Humusbildungen *morphologisch* sicher unterscheidbar sein, sonst würde subjektiven Anschauungen Tür und Tor geöffnet.

Durch die Voranstellung der *Entstehungsbedingungen für Humusbildung* erhält die *morphologische Beurteilung* des Humus die notwendige *genetische Ausrichtung.* Die Humusbeurteilung erfolgt dementsprechend vor allem nach der biologisch bedingten Eigenart der morphologischen Veränderung organischer Abfallsubstanz. Man kann von einer *biomorphologischen Humusbeurteilung* sprechen. *Klassifikation, schematische Reihung* und *Diagnose des Waldhumus* werden auf eine *biomorphologische Grundlage* gestellt. Dieses Grundprinzip ist der vorliegenden Arbeit vorgezeichnet.

Es erhebt sich nun die Frage, inwieweit einschlägige Probleme im fachlichen Schrifttum bereits behandelt bzw. geklärt worden sind.

1. Humusbegriff

Die Begriffsbestimmung erfolgt im allgemeinen nach zwei verschiedenen Gesichtspunkten, und zwar nach einem enger gefaßten *chemischen* und nach einem erweiterten *ökologischen* Gesichtspunkt.

Chemisch betrachtet versteht man unter *Humus* die aus pflanzlichem und tierischem Abfall durch synthetische Vorgänge als völlig selbständige Produkte hervorgegangenen, dunkel gefärbten, organischen Bodensubstanzen. Die Gesamtheit jener organischen Stoffe des Bodens, die sich noch im Humifizierungsprozeß befinden und solche, die vor demselben stehen, ist in diesem Humusbegriff nicht enthalten. Dadurch fallen wichtigste Merkmale aus, die auf Entwicklungsgang und Entwicklungszustand der Humusbildung Schlüsse ziehen lassen. Der chemische Humusbegriff verliert dadurch an diagnostischem Wert und mit diesem an ausreichender Eignung für Waldhumusdiagnosen.

Bezüglich des im *erweiterten Sinne gebrauchten Humusbegriffes* bestehen geteilte Auffassungen. S. A. Waksman (52) schreibt: „Als Humus kann das mehr oder minder endgültige und stabile Produkt angesehen werden, in welches ein Teil der pflanzlichen und tierischen Rückstände im Zersetzungsprozeß umgewandelt wird."

W. Laatsch (57) kommt zu einem rein morphologisch definierten Humusbegriff, indem er als Humus „die sowohl makroskopisch als auch mikroskopisch strukturlos, d. h. frei von Gewebestrukturen erscheinende organische Masse des Bodens" anspricht. Einen erweiterten Begriff finden wir bei W. Kubiena (48). Dieser versteht unter Humus „die Gesamtheit jener organischen Stoffe des Bodens, die sich unter den jeweiligen Zersetzungsbedingungen des biologischen Standortes als schwer zersetzbar erwiesen haben und darum in charakteristischer Weise zur Anhäufung gelangt sind". Trotz dieser erweiterten Begriffsfassung bleibt auch da die Gesamtheit jener organischen Stoffe ausgeschlossen, die sich noch im Humifizierungszustand befinden bzw. noch vor demselben stehen, also jene Substanzen, die, wie bereits erwähnt wurde, charakteristische Merkmale für die Eigenart der Humusbildung abgeben und damit für die Erstellung von Humusdiagnosen entscheidende Bedeutung haben. Neuerdings verstehen F. Scheffer und B. Ulrich (60) unter *Humus* „die im Boden oder auf dem Boden befindliche abgestorbene (postmortale) Pflanzen- oder Tiersubstanz, die einem stetigen Abbau-, Umbau- und Aufbauprozeß (eingeleitet und durchgeführt durch biochemische Vorgänge) unterworfen ist. Der Humus ist daher keine sich gleichbleibende dauerhafte Substanz, sondern unterliegt dauernden Veränderungen, Verminderungen oder auch Vermehrungen. In seinem Aufbau und in seiner Wirkung auf die mannigfaltigsten Bodenvorgänge und auf das Pflanzenwachstum kann er daher ebensowenig wie die anorganische Bodensubstanz als einheitliche, alle Böden gleichmäßig charakterisierende Substanz angesehen werden. Wie kaum eine andere Bodenkomponente greift der Humus auslösend und steuernd in bodendynamische Prozesse und damit auch in die Entwicklung der auf und im Boden lebenden Organismen ein."

Diese von Scheffer und Ulrich aufgestellte Begriffsbestimmung, die mit der Auffassung des Verfassers übereinstimmt, eignet sich vermöge der komplexen und dynamischen Betrachtungsweise besonders für die Beurteilung des Humus in seiner ökologischen Auswirkung auf die Lebenshaushaltsgestaltung des Waldes und damit für Waldhumusdiagnosen.

2. Klassifikation der Waldhumusbildungen

Die Unsicherheit beginnt bereits mit dem Begriff „*Humusform*".
Namhafte Autoren wie E. Ramann (Begründer der forstlichen Bodenkunde), R. Albert (29) und S. V. Zonn (54) gebrauchen diesen Begriff für strukturelle oder stoffliche Kennzeichnung einzelner, charakteristischer

Humusschichten. Demgegenüber verwenden L. G. ROMELL und S. O. HEI-
BERG (31), W. WITTICH (52), W. KUBIENA (53), E. EHWALD (56),
G. MANIL (59), SCHEFFER und ULRICH (60) u. a. den Begriff „Humusform"
für die Kennzeichnung der Gesamtheit der humosen Oberbodenhorizonte
eines Bodenprofils. Dazu kommt, daß SCHEFFER und ULRICH bei der
Behandlung der Entwicklung und weiteren Differenzierung terrestrischer
Humusformen von einer „*Formenreihe*" sprechen. Die genannten Autoren
sagen wörtlich: „Die Genetik der Humusformen umfaßt die Kenntnis
der *Entwicklungsreihen* und der in ihnen auftretenden Humusformen".
Damit wird ausgesprochen, daß sich die Humusform eines Standortes
aus mehreren Humusformen zusammensetzt. Es bezieht sich demnach
der Begriff „Humusform" einerseits auf die Gesamtheit des humosen
Oberbodens und anderseits beschränkt sich derselbe Begriff auf die
einzelnen Humushorizonte.

Diese Unklarheiten in der Begriffsumgrenzung machen den Begriff
„Humusform" für eine eindeutige Klassifikation der Humusbildungen
ungeeignet. Die Heranziehung dieses Begriffes sowohl für die Kennzeichnung des gesamten Humusprofils als auch für die Charakterisierung
des Typus der Humusentwicklung kann zu Mißverständnissen führen,
die vermieden werden sollten. Es wäre meines Erachtens zweckmäßiger
und dem Sprachgebrauch entsprechender für die Kennzeichnung der
Eigenart der Humusentwicklung vom *Typus der Humusbildung* oder
vom *Humustyp* schlechtweg (F. HARTMANN – 52) zu sprechen. P. E. MÜL-
LER schreibt schon 1879: „Man sollte glauben, daß die mächtige Ein-
wirkung der Vegetation, die rastlose Arbeit der tierischen Organismen,
das unaufhörliche Umgestaltungswerk der physikalischen und chemischen
Prozesse ein so buntes Produkt hervorbringen müßte, daß nicht die Rede
davon sein könnte, das Bild eines geordneten Baues mit klar ausgeprägten
Charakteren darin zu finden. Das Studium zeigt aber, daß aus dem
gegenseitigen Ringen mannigfacher Wirkungen nicht chaotische Verhältnisse, sondern bestimmte Formen hervorgehen, so daß sich sogar verschiedene Typen des unberührten Waldbodens, als organisiertes Ganzes
betrachtet, aufstellen lassen. Wie überall in der Natur, so haben die
Typen keine scharf abgestochenen Grenzen, sie fließen ineinander über,
aber sie können doch für die Betrachtung festgehalten und durch wesentliche Merkmale charakterisiert werden." P. E. MÜLLER bestätigt damit
die Typenbildung beim Humus unberührter Waldböden. Neuerdings
sprechen P. DUCHAUFOUR (60) und S. A. WILDE (62) von den wichtigsten
bzw. hauptsächlichsten *Waldhumustypen* und verwenden dieselben für
die schematische Aufgliederung der Waldhumusbildungen.

Aus vorstehenden Erwägungen wird daher für die *Klassifizierung
der Waldhumusbildungen* von der Heranziehung des Begriffes „Humusform" abgesehen und dafür der Begriff „Typus der Humusbildung"
bzw. „Humustyp" gewählt.

Noch viel größeren Unklarheiten begegnet man bezüglich *Klassifikation
und Benennung der einzelnen Humusbildungen*. Es liegen zahlreiche
Vorschläge vor, die bis auf die klassische Abhandlung über die natürlichen

Humusformen von P. E. MÜLLER (87) zurückreichen. Der genannte Autor gliedert die natürlichen Humusbildungen in die zwei Hauptgruppen „*muld* (Mull)" und „mor (Torf bzw. Rohhumus)". Unter „muld" werden die milden, locker gelagerten, gekrümelten überwiegend durch Tiere bearbeiteten Humusablagerungen zusammengefaßt. Alle übrigen Humusbildungen unterschiedlichster, vielfach *gegensätzlich* genetischer, biologischer, morphologischer und ökologischer Eigenart werden in die Hauptgruppe „mor" eingereiht. Dies hat in der Folge zu Mißverständnissen und einander widersprechenden Auffassungen, teils grundsätzlicher Art, geführt (F. HARTMANN – 44, 52). F. ERDMANN (26) hebt hervor, daß der praktische Wirtschafter, der sich von der Wissenschaft Rat holen will und sich mit seinen Mitarbeitern rasch und klar verständigen muß, mit der hier in der Wissenschaft auftretenden Verworrenheit nichts anzufangen weiß. J. RUSSELL (36) bestätigt diese Feststellung mit folgenden Worten: „Trotz allem herrscht eine große Unsicherheit bezüglich Nomenklatur und Klassifikation der Humusarten."

Diese Unsicherheit in der Begriffsumgrenzung und schematischen Einordnung der Humusbildungen hat bis in die letzte Vergangenheit keine durchgreifende Veränderung erfahren. Das trifft im besonderen bezüglich der Begriffe „Rohhumus" und „Trockentorf" zu.

Es werden mit diesen Bezeichnungen häufig zwei verschiedene Humusbildungen verstanden (E. RAMANN – 05, R. ALBERT – 29, A. STEBUTT – 30, W. LAATSCH – 38). Diese beiden Ausdrücke werden aber auch als gleichbedeutend gebraucht (P. E. MÜLLER – 87, BÜHLER – 18, H. PUCHNER – 23, S. A. WILDE – 62). Von anderen Autoren werden die torfartigen Humusbildungen in den Begriff „Rohhumus" einbezogen (H. HESSELMAN – 26, *Vereinigung Nordischer Landwirtschaftsforscher* – 29, ROMELL und HEIBERG – 31, BORNEBUSCH und HEIBERG – 35, W. L. KUBIENA – 48, H. FRANZ – 60). Neuerdings wird der Begriff „Trockentorf", weil angeblich irreführend, ganz abgelehnt (E. EHWALD – 56). Auf die Begriffe Rohhumus und Torf bzw. Trockentorf bezugnehmend schreibt E. EHWALD „leider herrscht aber bisher keine Einigkeit über die Einteilung und Benennung dieser Waldhumusformen. Weiterhin wurde der „mor" vielfach in zwei Formen aufgeteilt, *Rohhumus* und *Trockentorf*. Diese beiden Ausdrücke wurden aber oft auch gleichbedeutend gebraucht."

Ferner sei hervorgehoben, daß in Anlehnung an R. LANG (26) eine Aufgliederung der torfartigen Humusbildungen terrestrischer Art in „Waldtrockentorf" und „Waldnaßtorf" vorgeschlagen wurde (F. HARTMANN – 44, 52). Dieser Vorschlag wurde zunächst übergangen (H. FRANZ – 60, SCHEFFER und ULRICH – 60). Neuerdings wurde diese Aufgliederung wieder aufgegriffen (S. A. WILDE – 62).

Eine weitere Diskrepanz bezüglich Benennung und Einreihung ist bei jenem Waldhumus hervorzuheben, der sich aus mullartigem Feinhumus unter sekundärem anaeroben Einfluß entwickelt und als *kohliger Humus* (F. HARTMANN – 27, 44, 52) bezeichnet und beschrieben wurde. Dieser Humus wird einerseits als „*Hydromull*" (P. DUCHAUFOUR – 60) bzw. als „*Feuchtmull*" (SCHEFFER und ULRICH – 60) herausgestellt und anderseits als „*greasy mor*" (S. O. HEIBERG – 37) bzw. als „*feinhumusreicher* und *schmieriger Rohhumus*" (E. EHWALD – 56) bezeichnet. Es wird demnach der gleiche Humus in den erstgenannten Fällen als „*Mull*" und in den letztgenannten Fällen als „*Rohhumus*" angesprochen, obwohl dieser Humus weder genetisch noch morphologisch und ökologisch jenen Humusbildungen entspricht, die von bekannten Autoren (P. E. MÜLLER – 79, E. RAHMANN – 11, A. STEBUT – 30, W. LAATSCH – 38, W. L. KUBIENA – 48 u. a.) in die Kategorie „Rohhumus" eingereiht werden. Durch diese Einbeziehung anaerob beeinflußter Humusbildungen in die Kategorie „Rohhumus" hat die Unklarheit um den Begriff „Rohhumus" eine weitere Zunahme erfahren.

Dieser kurzgefaßte Überblick über die im Schrifttum aufscheinenden hauptsächlichen Versuche, ein allgemein brauchbares System in die Klassifikation und Nomenklatur der Waldhumusbildungen zu bringen, bestätigt die Berechtigung, von einer verwirrenden Fülle von Ausdrücken und von einer großen Unsicherheit zu sprechen. E. EHWALD (56) sagt hiezu: „Der Grund für das völlig unbefriedigende Durcheinander auf diesem Gebiete liegt meines Erachtens vor allem darin, daß man sich über die Grundprinzipien der Einteilung nicht einig ist, oft noch nicht einmal klar ist." An anderer Stelle vertritt dieser Autor folgende Auffassung: „Es wäre gar nichts gegen eine Mannigfaltigkeit der Einteilungsvorschläge einzuwenden, wenn sie sich nicht größtenteils derselben Bezeichnungen — nur jeweils mit anderem Sinn — bedienten." H. FRANZ (60) äußert sich folgend: „Leider ist es bisher nicht gelungen, zu einer einheitlichen Nomenklatur zu gelangen, so daß dieselben Humusbildungen von den einzelnen Autoren mit verschiedenen Namen belegt werden."

Zusammenfassend ist festzustellen, daß betreffend Klassifikation der Waldhumusbildungen noch nicht jene Klarheit vorliegt, die für die Erstellung brauchbarer Humusdiagnosen genügt.

3. Schematische Gliederung der Waldhumusbildungen

Nach EHWALD (56) sollte man die Einteilung der Humusbildungen „möglichst auf den wesentlichen Unterschieden ihrer Entstehungsbedingungen aufbauen und nicht mehr oder weniger belanglose äußerliche Unterschiede herausarbeiten".

Verfasser (44) hat schon in seiner ersten Humusarbeit hervorgehoben, daß die forstliche Bodenforschung und Bodenlehre gerade beim Humus die sich ergebenden *Naturgesetzlichkeiten* besonders herauszustellen hätte. „Auf dieser Grundlage wäre die Bezeichnung, Umgrenzung und systematische Einordnung der Humusformen vorzunehmen. Werden hierbei die naturgesetzlichen Voraussetzungen für die Humusbildung und die ökologische Eigenart der einzelnen Humusformen als die hauptsächlichen Einteilungsgründe herangezogen, so ergibt sich daraus zwangsläufig ein allgemein brauchbares System in der Nomenklatur und Klassifikation

des Humus unserer Wälder." In Verfolgung dieses Weges wurde (F. HART-
MANN – 52) eine systematische Einordnung der Waldhumustypen vorgeschlagen, die eine Aufgliederung der Humusbildungen in folgende
Grundtypen vorsieht: *zoogene Humusbildung, eumycetische Humusbildung,
anaerobe Humusbildung* (Fäulnishumus), *abiologische Humusbildung*
(Sphagnumhumus) und. als forstlich interessante Unterwasserhumusbildung, der *Waldmoorhumustyp* (Gyttja). W. KUBIENA (53) unterscheidet
in seinem „Bestimmungsschlüssel der Humusformen" folgende Grundtypen: *subhydrische, semiterrestrische* und *terrestrische Humusformen.*
E. EHWALD (56) berichtet von einer Aufgliederung der natürlichen Humusformen in I. *Landhumusformen mit glatter Streuzersetzung,* II. *in Landhumusformen mit gehemmter Streuzersetzung oder unvollständiger bzw.
fehlender Vermischung von Humus- und Mineralboden* und III. *in semiterrestrische Humusformen.* P. DUCHAUFOUR (60) unterscheidet folgende
zwei große Kategorien von Humus: I. *aerobe Humusbildungen* und
II. *anaerobe Humusbildungen.* G. MANIL (59) schlägt für belgische Waldböden als Einteilungsgrundlage die *Humusform* vor. da sie ein einfaches
und ökologisch wichtiges Merkmal ist und damit den Bedürfnissen der
Praxis entgegenkommt. Der genannte Autor unterscheidet ebenfalls
aerobe von *anaeroben* Humusformen. Der *aerobe* Humus wird unterteilt
in *zoogenen* (Wurmhumus oder Mull und Insektenhumus oder Moder)
und *mycogenen* Humus (Rohhumus), der *anaerobe* Humus in *humiden
Moder* und *humiden Rohhumus.*

Vergleicht man die vorstehend genannten Systeme, so schälen sich
folgende zwei Gruppen heraus: KUBIENA und EHWALD wählen *hydrologische Momente* als ersten Einteilungsgrund für die schematische Aufgliederung der Humusbildungen. HARTMANN, MANIL und DUCHAUFOUR
setzen den *aeroben* und *anaeroben* Charakter der Humusbildungen an
die erste Stelle. Der Umstand, daß sich *subhydrische* und *semiterrestrische
Waldhumusbildungen* auf *Gyttjahumus* und, mit diesem in Zusammenhang,
auf *Bruchwaldhumus* beschränken und — vom forstlichen Gesichtspunkt
aus betrachtet — eine nur äußerst bescheidene Rolle spielen, spricht für
die *Beibehaltung der von* F. HARTMANN (52), G. MANIL (59) und P. DUCHAU-
FOUR (60) *aufgestellten Grundeinteilung der Waldhumusbildungen.*

4. Grundlagenforschung für Waldhumusdiagnosen

Aus dem einschlägigen Schrifttum gewinnt man, wie bereits im Vorwort
hervorgehoben wurde, uneingeschränkt den Eindruck, daß sowohl die
*Humusklassifikation als auch die schematische Gliederung der Humus-
bildungen* noch stark im Hypothetischen liegen und jedenfalls keine
ausreichende und präzise Grundlage für die Erstellung praktisch ausreichender Waldhumusdiagnosen abgeben. Durch diese Feststellung
wurde Verfasser zunächst vor die Aufgabe gestellt, weiteres Grundlagen-
material zu sammeln und zu ordnen, um den notwendigen Einblick in
die Verschiedenartigkeit der charakteristischen Humusbildungen zu

gewinnen. Es war vor allem ein Weg zu suchen, der geeignet ist, die wichtigsten Waldhumustypen aufzuspüren, in ihrer Eigenart zu erkennen und gegenseitig abzugrenzen.

Man hat diesbezüglich bereits verschiedene Wege versucht, und zwar im besonderen *chemischer, mikrobiologischer, bodenzoologischer* und *bodenmorphologischer* Art.

Zur *chemischen Ausrichtung* schreibt H. FRANZ (60): „Der direkte Weg zur Erforschung der biochemischen Umsetzung der organischen Substanzen im Boden wäre der chemische. Leider hat dieser bisher nur wenig weit geführt, weil der Humus im weiten morphologischen Sinne ein äußerst komplexes Stoffgemisch darstellt, dessen exakte chemische Trennung und Charakterisierung wohl kaum je gelingen wird." SCHEFFER und ULRICH (60) sagen: „Die Unterscheidung der Humusform erfolgt zumeist durch morphologische und biologische Merkmale. Eine Beschreibung von Humusformen durch stoffliche Merkmale, also durch die verschiedene Beteiligung der Humusbestandteile, hat bisher noch kaum zu brauchbaren Ergebnissen geführt." Dazu ist noch hinzuzufügen, daß die chemische Zusammensetzung des Waldhumus vom Nährstoffumlauf und von der Nährstoffakkumulation (F. HARTMANN – 59, 60, 61, 63) in entscheidendem Maße beeinflußt und laufend verändert wird. Daraus ergeben sich wesentliche Unterschiede innerhalb ein und derselben Humusform, wobei diese Unterschiede über die Grenzbereiche der einzelnen Humusformen hinausgehen können (F. HARTMANN – 60). H. KOBERG (62) hat in seiner Dissertationsarbeit nachgewiesen, daß der Gehalt an Kali, Kalzium und Magnesium auf Standorten mit gutem zoogenen Humus zum Teil unter den Werten ungünstiger Humustypen liegen kann. Die Gehalte an Gesamtstickstoff sowie an verfügbarem Kali, Kalzium und Magnesium stehen in keiner direkten Beziehung zum Humustyp. Weiters zeigte sich, daß die Kationenumtauschkapazität sowie das Verhältnis der sorbierten Basen zu den H-Ionen und auch die pH-Werte zur exakten Charakterisierung der Humustypen nicht geeignet sind. Diesen Ergebnissen von KOBERG ist noch hinzuzufügen, daß die Feststellung des Nährstoffgehaltes der Humussubstanz an sich noch kein klares Bild über die Ernährungslage des Waldes und damit über den ökologischen Wert des Humus abzugeben vermag. Entscheidend sind hier Umfang und Geschwindigkeit des Nährstoffumlaufes.

Aus alldem folgt, daß der chemische Weg für Charakterisierung und Klassifikation von Waldhumustypen nicht ausreicht. Er kann nur zusätzliche Bedeutung haben.

Der *mikrobiologischen Untersuchung des Humus* stehen ebenfalls große, vor allem methodische Schwierigkeiten entgegen. T. WIKEN (55) spricht vom „hoffnungslos komplizierten Charakter" der Prozesse, die sich aus dem Zusammenspiel der verschiedenen physiologischen Gruppen von Mikroorganismen bei der Streuzersetzung und Humusbildung ergeben.

Der Weg über die *bodenzoologische Untersuchung* bereitet gleichfalls vielfältige Schwierigkeiten, wenn er für die Bestimmung, Umgrenzung und schematische Gliederung von Humustypen ausreichen soll. Erschwerend wirkt vor allem die Wanderung der Bodentiere mit den täglichen, jahrzeitlichen und jährlichen Schwankungen der Klimaverhältnisse im Humus- und Bodenraum. Es ist ferner zu berücksichtigen, daß die in den Fraßkavernen befindlichen Tiere (vor allem die Milben), die lichtempfindlich sind, nur teilweise die schützenden Kavernen verlassen. Es wird daher ein beachtlicher Teil von der Zählung nicht erfaßt. Man erhält weiters keine ausreichende Auskunft darüber, welche Substanzen von den Tieren angegriffen werden, wie und wo der Fraß erfolgt und welche Auswirkung derselbe auf die Humusbildung hat. Es ist auch zu bedenken, daß der humusbildende Wert der Tiere mit der Güte der jeweils gegebenen Nahrung wechselt. So wurde im grünen Teil des *Sphagnumrasens* eine auffallend starke Besiedlung mit Kleinarthropoden festgestellt (E. KLUG – 61), während koprogene Humuskomplexe fehlen. Im *rotbraunen Fäulnishumus* sind beachtliche Mengen an Arthroprodenkot vorhanden; die Entwicklung zu gutem zoogenen Humus bleibt aus. Die Bestimmung der Tierzahl allein genügt demnach nicht. Die Auswirkung der Bodentiere ist vom Zusammenspiel aller Bodenorganismen und Organismengruppen abhängig. Zoologische Humusuntersuchungen reichen für die Erstellung von Humusdiagnosen auch deshalb nicht aus, weil die Tierwelt nicht allein entscheidet, ob beim Waldhumus Verwesung, Fäulnis oder Vertorfung auftritt. Schließlich ist zu beachten, daß zoologische Humusuntersuchungen einen unverhältnismäßig großen Zeitaufwand beanspruchen und deshalb für eine großräumige Erfassung von Humuszuständen (z. B. Standortskartierungen), die eine Vielzahl von Untersuchungen erfordert, praktisch kaum in Frage kommen. Bodenzoologische Untersuchungen werden aus vorgenanntem Grunde im allgemeinen auf die zusätzliche Behandlung von Sonderfällen beschränkt bleiben.

Damit tritt der letzte, eingangs für Charakterisierung und Klassifizierung von Humusformen genannte Weg, die *morphologische Humuserfassung*, in den Vordergrund. E. EHWALD (56) vertritt die Auffassung, wonach sich eine Einteilung der Waldhumusformen zunächst auf *morphologisch erfaßbaren Merkmalen* aufbauen muß, die das Ergebnis wichtiger Unterschiede in den Streuzersetzungs- und Humusbildungsvorgängen darstellen. Die genetisch und ökologisch begründeten Humusformen müssen nach EHWALD „natürlich morphologisch sicher unterscheidbar sein". SCHEFFER und ULRICH (60) stellen bei der Besprechung der Humusformen die *Morphologie des Humus voran*.

Erst durch die weitgehende Einbeziehung der *mikroskopischen Bodenuntersuchung* (W. KUBIENA – 35) und da vor allem der Auflichtmikroskopie bei Neueinführung von Scharfschnitt-, Hack-, Staub- und Aschenpräparaten (F. HARTMANN – 52) wurde ein Einblick in die Umsetzungsprozesse erzielt, der die biologische Eigenart der Humusbildungen in aufschlußreicher Weise sichtbar erkennen ließ. Die Praxis hat ergeben, daß diese räumliche Betrachtungsweise Zustandsbilder vermittelt, die nicht nur den morphologischen und ökologischen Zustand der organogenen Bodensubstanz, sondern vor allem auch die Eigenart und Intensität des

Bodenlebens aufzeigen. Aus den Fraßstellen und Exkrementen der Bodentiere (vor allem der Mesofauna), aus den sichtbaren Veränderungen an den Exkrementen, aus den Auswirkungen der aeroben und anaeroben Pilze auf den organischen Abfall, aus den daraus ableitbaren Beziehungen zwischen Tier- und Pilztätigkeit, aus dem Hervortreten der einen oder anderen Kategorie von Lebewesen, aus Art, Grad und Umfang der Vermischung von Humus mit mineralischer Bodensubstanz, aus Film-, Häutchen- und Krustenbildungen kolloidaler Substanzen, aus Kristallausblühungen, aus sichtbar zu verfolgenden hydrologischen Auswirkungen auf Humus und Mineralboden, und aus noch anderen Reaktionen gewinnt man durch synthetische Zusammenfassung der derart gefundenen Merkmale ein Bild über Eigenart und Zustand des Waldhumus, das bisher auf chemischem, physikalischem, mikrobiologischem und zoologischem Wege nicht erreicht werden konnte.

Diese Untersuchungsmethodik hat sich aus einer jahrzehntelangen Praxis entwickelt und voll bewährt. Verfasser arbeitet bereits seit $2^1/_2$ Jahrzehnten an und nach diesem Verfahren, wobei die Auflichtmikroskopie im zunehmenden Maße ausgewertet wird. Der dadurch erreichte, verhältnismäßig rasche Arbeitsfortschritt ermöglicht es, die Untersuchungen auf eine breite Basis zu stellen, womit die Sicherheit der aus den Ergebnissen gezogenen Schlüsse eine wesentliche Steigerung erfährt. Der rasche Arbeitsfortschritt macht dieses Verfahren für großräumige Humusklassifikationen und Waldbodenzustandserfassungen bzw. für forstliche Standortskartierungen besonders geeignet.

Ein weiterer Vorteil der Auflichtmikroskopie besteht darin, daß die Untersuchungen zum beachtlichen Teil in den Wald hinausverlegt werden können. Dadurch, daß für jeden charakteristischen Waldhumustyp verhältnismäßig leicht erkennbare und im allgemeinen unschwer und rasch erhebbare Merkmale herausgestellt wurden und daß ein beachtliches Bildmaterial charakteristischer Humusproben als Testbehelf für das Ansprechen der Waldhumustypen bereits vorliegt, wird es, bei einiger Übung und Erfahrung, auch dem praktischen Forstmann möglich, die einzelnen charakteristischen Waldhumusbildungen anzusprechen, gegeneinander abzugrenzen und in ihrem Zustand zu erkennen.

Dazu bedarf es in der Regel, Spezialfälle ausgenommen, keiner langwierigen Analysen, sondern nur einfacher Behelfe, wie eines Rasiermessers oder einer Rasierklinge für die Herstellung von Humusscharfschnitten, Hack- und Staubpräparaten, weiters eines einfachen Handmikroskopes, häufig genügt eine starke Lupe, und einiger, aus weißem Karton zugeschnittener Objektträger. Es sei in diesem Zusammenhang im besonderen auf die diagnostische Eignung der Scharfschnitt- und Staubpräparate hingewiesen. Damit kann der forstlichen Praxis die mühevolle und zeitraubende Anfertigung von Humusdünnschliffen (die für die Humusforschung unentbehrlich sind) weitgehend erspart bleiben.

Die enge Verbindung der Laborarbeit mit den Untersuchungen im Walde hat sich als besonders vorteilhaft erwiesen.

Der Umstand, daß man bei der Humusmikroskopie mit verhältnismäßig kleinen Humusproben das Auslangen findet, ermöglicht und
erleichtert die Anlage von Humussammlungen, die mit den zugehörigen
Standorts- und Bestandsbeschreibungen sowie Vegetationsaufnahmen ein
unentbehrliches Grundlagen- und Vergleichsmaterial für das Studium des
Waldhumusproblems abgeben.

Die vorgenannten Vorzüge der *mikroskopischen Humusuntersuchung*
sollten Forschung und Praxis veranlassen, diesen Weg (angesichts der
großen Bedeutung richtiger Humusdiagnosen für die Forstwirtschaft)
sowohl im Interesse des Fortschrittes als auch in dem Bewußtsein zu
beschreiten, daß der Einsatz diese Mühe lohnt.

Der Vollständigkeit halber sei noch erwähnt, daß sich der indikatorische
Wert des *floristischen Aspektes* für das Ansprechen von Waldhumustypen
auf eine mehr oder weniger allgemeine Orientierung beschränkt und für
eine gegenseitige Abgrenzung der Waldhumusbildungen nicht immer im
notwendigen Maße ausreicht, weil das Vegetationsbild noch von vielen
anderen Faktoren bestimmt wird, die außerhalb des Humuseinflusses
liegen.

B. Grundtypen der Waldhumusbildungen

Die Humusbildungen werden im allgemeinen in *terrestrische, semiterrestrische* und *subhydrische Bildungen* aufgegliedert.

Das *forstliche* Interesse konzentriert sich auf die *terrestrischen Humusbildungen*, während die *semiterrestrischen* und *subhydrischen Bildungen* (Waldanmoorhumus und Bruchwaldhumus ausgenommen) eine nur unwesentliche Beziehung zum Wald haben. Dementsprechend werden im folgenden die *terrestrischen Waldhumusbildungen* eingehender behandelt, während von den semiterrestrischen und subhydrischen Bildungen nur *Waldanmoor- und Bruchwaldhumus* einer kurzen Besprechung unterzogen werden.

B/I. Terrestrische Waldhumusbildungen

Diese Humusbildungen lassen sich in zwei große Gruppen unterteilen, und zwar in *aerobe* und *anaerobe*, je nachdem oxydative oder reduktive Prozesse bzw. Verwesungs- oder Fäulnisvorgänge herrschend sind.

Die *aerobe Humusbildung* läßt sich weiter differenzieren: bei Dominanz humusbildender Tiere in die *zoogene Humusbildung*, bei stärkerem Auftreten von Pilzen und noch beachtlichem zoogenen Einfluß in die *pilzbeeinflußte zoogene Humusbildung* und bei Vorherrschen aerober Pilze und stark gedrosselter Tiertätigkeit in die *eumycetische (mykogene) Humusbildung*.

Die *zoogene Humusbildung* kann weiter aufgegliedert werden: bei Dominanz der Regenwürmer in die *Lumbriciden-Humusbildung*, bei vorherrschend Anthropodentätigkeit in die *Arthropoden-Humusbildung* und bei Kombination von Arthropoden- und Lumbricidentätigkeit in die *zoogene Zwillingshumusbildung*.

Die *pilzbeeinflußte zoogene Humusbildung* nimmt unterschiedliche Entwicklung je nachdem der Standort zur Bodentrocknis oder Bodenvernässung neigt. Im letztgenannten Falle besteht die Tendenz zu einer *anaeroben Beeinflussung* dieser Humusbildung.

Bei *anaeroben Humusbildungen* ergibt sich zwangsläufig eine Aufgliederung je nach Dominanz von *Schwarzfäule* oder von *Rotfäule*.

Bleiben beide Fäulnisarten auf ein belangloses Maß begrenzt und kommt es derart zur Anhäufung biochemisch schwerangreifbarer Abfallsubstanzen, dann liegt *abiologische Humusbildung* vor, weil abiologische Vorgänge herrschend sind.

Innerhalb der *aeroben und anaeroben Humusgrundtypen* lassen sich mehr oder weniger deutlich abgegrenzte, morphologisch unterschiedliche *Entwicklungsstufen* auseinanderhalten. Diese Entwicklungsstufen bilden profilmäßig *Entwicklungsreihen.* Der *Aufbau der Entwicklungsreihen* wechselt mit dem Typ der Humusbildung und ist somit *charakteristisch für den Humustyp.* Demgegenüber kann ein und dieselbe Entwicklungsstufe innerhalb verschiedener Humustypen aufscheinen. *Dadurch fehlt den Entwicklungsstufen die Eignung für die schematische Aufgliederung der Humusbildungen in Humustypen.* Aus diesem Grunde werden die Humusentwicklungsstufen „Moder", „mullartiger Moder", „Mull", „torfartiger Humus" u. dgl. im vorliegenden Fall für die schematische Aufgliederung der Waldhumusbildungen *nicht herangezogen.* Die Humusentwicklungsstufen bleiben aber wertvolle Anzeiger für den jeweiligen *Entwicklungsgrad eines Humustyps* und finden in diesem Rahmen die notwendige Berücksichtigung.

In Anlehnung an G. MANIL (59) und P. DUCHAUFOUR (60) ergibt sich weiters die Notwendigkeit einer Aufgliederung der vorgenannten Humusgrundtypen in die *Subtypen* „kalkhältig (calcique)", „mild (doux)" und „sauer (acide)". Für steppenartige Standorte kommt noch der Subtyp „salzhältig (salé)" hinzu.

Für die Beurteilung und schematische Aufgliederung von Waldhumusbildungen ist weiters die allgemein bekannte und gesicherte Erkenntnis richtungweisend, daß sich *guter Humus* als der Inbegriff der Waldbodenfruchtbarkeit und *schlechter Humus* als der Ausgangspunkt für Unfruchtbarkeit darstellt. Diese Erkenntnis zwingt zur grundsätzlichen Unterscheidung zwischen *normal-natürlichen* und *pathologischen Waldhumusbildungen.* Diese Unterscheidung ist im vorliegenden Fall *unentbehrlich.* Weil diese Aufgliederung bisher in keinem Einteilungsschema bzw. Humusbestimmungsschlüssel aufscheint, wird diese Frage im folgenden einer kurzen, grundsätzlichen Betrachtung unterzogen.

Die *„normal-natürlichen Humusbildungen"* werden, wie ungestörte Humusformationen in Urwäldern und naturnahen Wirtschaftswäldern ausnahmslos aufzeigen, durch eine *standörtlich-optimale Tätigkeit streuverzehrender Bodentiere* (Erstzersetzer) eingeleitet. Pilze treten im allgemeinen zurück. Die weitere Entwicklung dieser Humusbildungen läßt, wie aus nachfolgenden Untersuchungen hervorgeht, folgende *3 Stufen* erkennen:

1. Die *Bildung echter Humusstoffe im Darm der streuverzehrenden Tiere* unter Einfluß der Darmflora, vor allem der *Aktinomyceten* und *Bakterien.*

2. Die *Weiterentwicklung echter Humusstoffe in den Exkrementen dieser Bodentiere* abermals unter Einfluß von Aktinomyceten und Bakterien sowie von echten Pilzen (dieses Stadium führt zu einer in der Regel merklichen Nachdunkelung und zum fortschreitenden Zerfall der Exkremente).

3. Die *Humusveredelung im Darm jener Bodentiere, die sich vornehmlich von den Exkrementen der streuverzehrenden Tiere und von den Zerfalls-*

produkten dieser Exkremente ernähren (koprophage Humusbildung), wobei im besonderen durch Tätigkeit großer Bodentiere (Würmer u. dgl.) eine *fortschreitende Mischung humoser Feinsubstanz mit mineralischem Feinboden* vorsichgeht.

„*Pathologische Humusbildungen*" liegen vor, wenn eine, zwei oder alle drei der vorgenannten Entwicklungsstufen fehlen oder gegenüber dem normal-natürlichen Zustand zurückbleiben. Hierbei lassen sich (F. HARTMANN – 60), je nachdem sich die Standortsdegradation in der Richtung zum bodenklimatischen Extrem „Trockenheit" oder in der Richtung zur „Bodenvernässung" bewegt, folgende *zwei Entwicklungsrichtungen pathologischer Humusbildung* unterscheiden: 1. Auf Standorten mit Neigung zur Trockenheit führt die Entwicklung — über den Zustand fortschreitender Drosselung der zoogenen Humusbildung — mit zunehmender Humusverpilzung bis zum *extrem-eumycetischen Humus* und schließlich zum *Pilztrockentorf*. 2. Auf Standorten mit Neigung zur Vernässung beginnt die Humusdegradation ebenfalls mit dem Zustand fortschreitender Drosselung der zoogenen Humusbildung, führt aber weiter zur ansteigenden *Dominanz der Rotfäule gegenüber der Schwarzfäule* und endet schließlich in der *abiologischen Humusbildung*, also in der *Sphagnum-Humusbildung*.

In beiden Fällen zeichnen sich charakteristische *Degradationsstufen* ab, die gegenüber dem standortseigenen, normal-natürlichen Zustandsbild an biologischen, morphologischen, chemischen und ökologischen Abweichungen sowie an entsprechenden Veränderungen im Humus- und Bodenprofil und im Vegetationsaspekt einschließlich Wurzeltyp erkennbar sind. Darüber wird im folgenden bei der Besprechung der Humustypen näher berichtet.

Es sei ferner hervorgehoben, daß im vorliegenden Fall von der Einbeziehung der Begriffe „Rendzinamoder", „Silikatmoder" u. dgl. in das Humusschema abgesehen wird, weil eine *gleichrangige* Berücksichtigung der übrigen Bodentypen (z. B. Tschernosem, Parabraunerde, Braunerde, Podsole usw.) zu einer wesentlichen Erweiterung des Humusschemas und damit zu einer überflüssigen Unübersichtlichkeit führen würde. Im allgemeinen wird man hier mit der Herausstellung der vorgenannten Humussubtypen „kalkhältig", „salzhältig", „mild" und „sauer" das Auslangen finden.

Bei Berücksichtigung und Auswertung der vorstehend angeführten Erkenntnisse und Erwägungen läßt sich folgende *schematische Gliederung und Reihung der terrestrischen Waldhumusbildungen* aufstellen:

A. *aerobe Humusbildungen*
  1. zoogene Humusbildungen
    a) Lumbriciden-Humusbildung
    b) Arthropoden-Humusbildung
    c) zoogene Zwillingshumusbildung

    2. eumycetisch beeinflußte zoogene Humusbildungen
      a) trockener Typ
      b) feuchter Typ
    3. eumycetische Humusbildung

B. *anaerobe Humusbildungen*

    1. Schwarzfäule-Humusbildung
    2. kombinierte Fäulnishumusbildung (Schwarz- und Rotfäule)
    3. Rotfäule-Humusbildung

C. *abiologische Humusbildung*

In jedem Fall ist die Frage zu beantworten, ob und in welchem Maß *pathologische Humuszustände* vorliegen. Als *Maßstab für die Beurteilung von Humusdegradationen dient jener Humuszustand, der sich bei standörtlich optimalem zoogenen Einfluß auf die Humusbildung* (unter standörtlich günstigster Waldformation) *einstellt.* Bei der Beurteilung pathologischer Humuszustände sind weiters die vorhergehend aufgezeigten, durch die bodenklimatischen Extreme „Trockenheit" und „Vernässung" bedingten *zwei Entwicklungsrichtungen pathologischer Humusentwicklung* zu berücksichtigen. Der *Grad der Humusdegradationen wird nach folgendem Schlüssel* (F. HARTMANN – 60, 64) erhoben:

A. *Humusdegradationen auf zur Trockenheit neigenden Standorten*

Degradationsstufe 1: gedrosselte Lumbricidenhumusbildung (Schwund beim A_1-Horizont)

Degradationsstufe 2: unterbundene Lumbricidenhumusbildung bei pilzbeeinflußter Arthropodenhumusbildung (gedrosselte Arthropodentätigkeit)

Degradationsstufe 3: Pilzmoderbildung

Degradationsstufe 4: Pilztrockentorfbildung

B. *Humusdegradationen auf zur Vernässung neigenden Standorten*

Degradationsstufe 1: gedrosselter zoogener Einfluß im aerob beeinflußten Humusraum (Entwicklung kohlig-faserigen Fäulnishumus)

Degradationsstufe 2: verstärker Einfluß der Rotfäule (Entwicklung kohlig-faserigen Fäulnishumus mit beachtlichem Anteil an Rotfäule-Humuskomplexen)

Degradationsstufe 3: unterbundene zoogene Humusbildung (Rotfäule-Humuskomplexe herrschend)

Degradationsstufe 4: bei stark zurücktretender aerober und anaerober Humusbildung Entwicklung von Sphagnum-Humus.

Die Erhebung dieser pathologischen Entwicklungen ist für die Erstellung von Waldhumusdiagnosen von grundlegender Bedeutung.

Im folgenden werden die hauptsächlichsten Waldhumusbildungen, nach diesem Schema geordnet, an Hand zahlreicher Lichtbilder besprochen, wobei auf die Herausstellung leicht erkennbarer Indikatoren für Waldhumusdiagnosen besonderer Wert gelegt wird.

I. Aerobe Humusbildungen

Die Umsetzung organischer Abfallsubstanzen steht innerhalb dieser Kategorie von Humusbildungen im Zeichen vorherrschend *biologischer Oxydationsvorgänge*. Die Umsetzungsprozesse wechseln mit Art- und Mengenverhältnis der beteiligten Organismen. Für die Zusammensetzung der Organismengesellschaft entscheidet die Eigenart der gegebenen Lebensbedingungen. Hier sind als wichtigste Faktoren zu nennen: Art und Menge der anfallenden Nahrung, das Bodenklima (Temperatur, Feuchtigkeit inkl. relativer Dampfspannung, Zusammensetzung der Bodenluft im besonderen nach Sauerstoff- und Kohlendioxydgehalt, Licht) und schließlich das chemische Milieu (Reaktion und Salzgehalt des Bodenwassers, Nährstoffe und Wirkstoffe). Für das Bodentierleben ist weiters in vielen Fällen entscheidend die Gegebenheit von Trockenzeit- und Winter-Ausweichquartieren.

Sind die Lebensbedingungen für die Bodentierwelt günstig, dann übernehmen diese Organismen die Führung bei den Streuzersetzungs- und Humusbildungsvorgängen. Man spricht von der *zoogenen Humusbildung*. Bei weniger günstigen Umweltsbedingungen treten zunehmend aerobe Pilze in den Vordergrund. Es liegt dann *pilzbeeinflußte zoogene Humusbildung* vor. Im extremen Fall wird *Pilzhumusbildung* herrschend.

1. Zoogene Humusbildungen

Es steht heute fest, daß in den gut durchlüfteten, tätigen, aber überwiegend sauren Waldböden die Bildung edler Humusstoffe im Darm der Bodentiere (Mesofauna) beginnt. L. MEYER (43), H. FRANZ und L. LEITENBERGER (48) haben nachgewiesen, daß diese Bodentiere in ihrem Verdauungskanal aus frischer Pflanzensubstanz echte Humusstoffe aufbauen. Daraus folgt, daß den Bodentieren nicht nur eine wichtige Funktion bei der mechanischen Zerkleinerung des organischen Abfalls und damit bei der Beschleunigung des Roteprozesses zukommt, sondern darüber hinaus auch eine entscheidende chemische Funktion im Sinne der Bildung echter Humusstoffe.

Bei der Humusbildung im Tierkörper tritt der oxydative Abbau organischer Substanz völlig zurück. Nach LAATSCH (44) liegen im Tierdarm anaerobe Verhältnisse in einem Maße vor, das die humusbildende Tätigkeit der Darmflora, vor allem der Aktinomyceten und Bakterien, gestattet.

Die *zoogene Humusbildung* ist die grundlegende Voraussetzung für die Entwicklung und Erhaltung der Waldbodenfruchtbarkeit. Von ihr geht jede wertvolle Walddüngerbildung aus. Sie ist die Grundlage der natürlichen Waldbodendüngung. Man kann folgende *Subtypen* unterscheiden:

1. *Lumbriciden-(Regenwurm-)Humusbildung*, bei der die Würmer dominierenden Anteil nehmen,

2. *Arthropoden-(Gliederfüßler-)Humusbildung*, die im Zeichen vorherrschender Tätigkeit von Gliederfüßlern steht, wobei auch Enchytraeiden (Borstenwürmer) beachtlichen Einfluß nehmen können, und

3. *zoogene Zwillingshumusbildung*, die sich als eine Kombination von Arthropoden- und Lumbriciden-Humusbildung darstellt.

a) Lumbriciden-(Regenwurm-)Humusbildung

Auf die große Bedeutung der Regenwürmer für die Fruchtbarkeit der Böden haben schon HENSEN (77), DARWIN (82), P. E. MÜLLER (87), RAMANN (99), BORNEBUSCH (32), HEYMONS (23), LANG (26), BLANCK und GIESECKE (24), LINDQUIST (41), EATON und CHANDLER (42), JOHNSTON u. a. hingewiesen. Die große Rolle dieser Tiergattung als wichtigste Kultivatoren und Humusbildner ist demnach schon lange bekannt. Ihre Bedeutung betreffend Ton-Humus-Koppelung, biologischer Bodenmischung und Bodenbearbeitung ist besonders hervorzuheben.

Es gibt eine große Zahl von Regenwurmarten, die nach FRANZ (42) und KÜHNELT (50) in recht verschiedener Weise tätig sind. So lebt eine Gruppe der Regenwürmer ausschließlich von den im Boden bereits vorhandenen Humuskomplexen, also vor allem vom Arthropodenhumus. Andere Arten nehmen den noch unzersetzten Bestandsabfall als Nahrung auf. Es gibt also unter den Regenwürmern Humuskonsumenten und Humusproduzenten, wobei erstere zur Veredlung der aufgenommenen Humussubstanz wesentlich beitragen. Viele Regenwurmarten vermögen selbst in zähen Lehmböden senkrecht tiefe (bis $2^1/_2$ m) Gänge zu graben, die in der Regel das Grundwasser erreichen. Diese Regenwurmröhren sind wichtig für die Wasser- und Luftbewegung im Boden sowie für das Wurzelwachstum. Andere Regenwurmarten leben mehr oberflächlich und zwar hauptsächlich im Auflagehumus. Gewisse Arten bevorzugen die obere Mineralbodenschicht. Weiters vermögen einige Regenwurmarten auf verhältnismäßig trockenen Standorten zu leben, während bestimmte Arten nasse Böden vorziehen. Hingegen meiden Regenwürmer scharfkantig-grusige sowie stark verpilzte Standorte und Örtlichkeiten, denen sowohl Trockenzeit-Überbrückungsquartiere als auch frostfreie Winterquartiere fehlen, wie dies auf flachgründigen Standorten häufig zutrifft. Regenwürmer verfallen in Trockenzeiten in einen Ruhezustand, den sie in relativ feuchten Bodenzonen verbringen, die dann mit Regenwurmexkrementen angereichert sind. Anhaltende Lufttrockenheit bringt die Regenwürmer zum Absterben. Bei $-1.2°$ C bis $-2°$ C erfrieren sie.

In wassergesättigter Luft vermögen Regenwürmer nicht lange zu leben. Viele Arten sind gegen Überflutung, wegen Atemnot, sehr empfindlich. Die Höhenlage des Standortes hat, sofern frostfreie Winterquartiere gegeben sind, keinen Einfluß auf die Zusammensetzung der Regenwurmfauna. Hinsichtlich Azidität sind die Ansprüche der einzelnen Arten verschieden. Es gibt Regenwürmer, die selbst in stark sauren Humusböden leben können.

Im allgemeinen darf behauptet werden, daß sich die Regenwurmfauna auf Standorten mit möglichst ausgeglichenem Bodenfrischklima und bei ausreichender, geeigneter Nahrung am lebhaftesten entwickelt. Weiche organische Abfallsubstanz, wie das Fallaub von Eschen, Ulmen, Erlen, Ahornen, Linden, Weißbuchen, Birken, Aspen, Weiden und der meisten Laubsträucher sowie der Abfall von Kräutern, Gräsern und vor allem auch von Heidelbeere, wird von Regenwürmern gern angenommen und im Wege der Verdauung in besten Mullhumus übergeführt (Tafel I – Abb. 1 und 2, Tafel II – Abb. 1 und 3). Harte Abfallsubstanzen, wie Holzteilchen, Fichten-, Tannen- und Kiefernnadeln, zum Teil auch Rotbuchenlaub, werden nicht bzw. nur schwer angegriffen. In diesem Fall werden harte Nadeln und Blätter von den Würmern über Nacht in die Bodenröhren hineingezogen, wo sie aufweichen und zum Teil zerfallen, wodurch sie den Würmern als Nahrung zugänglich werden. Der größte Teil dieses harten Abfalls wird vorerst vornehmlich durch Arthropoden zersetzt und erst dann von den Würmern weiter verarbeitet. Lumbriciden-Humus wird demnach *primär* im allgemeinen nur in rotbuchenarmen bzw. rotbuchenfreien Laubwäldern sowie in kräuterreichen Waldbestandslücken und auf derartigen Kahlschlagflächen und in forstlichen Jungkulturen gebildet.

Im Darm der Regenwürmer herrschen besonders günstige Bedingungen für die Bildung von Huminsäuren (W. LAATSCH – 48). Dadurch, daß die Würmer in tonhältigen Böden mit der organischen Nahrung auch mineralische Feinsubstanz, vor allem Tonkomplexe, in beachtlichem Maße aufnehmen, ist im Tierdarm die Voraussetzung für eine im allgemeinen weitgehende Ton-Humus-Koppelung, also für die Bindung von Huminsäuren an minerogene Kolloide, gegeben. Es ist weiters bekannt, daß Wurmlosungen mit Bakterien angereichert sind und somit ein wichtiges Ausgangsmaterial für die mikrobielle Bodentätigkeit und da vor allem für die Weiterentwicklung humoser Substanz abgeben (E. RAMANN – 99, R. HEYMONS – 23, R. LANG – 26). Schließlich ist die bodenbearbeitende und bodenmischende Tätigkeit der Regenwürmer hervorzuheben, die für die Lumbriciden-Humusbildung charakteristisch ist.

Die im vorhergehenden Abschnitt dieser Arbeit aufgezeigten drei Entwicklungsstufen normal-natürlicher Waldhumusbildung greifen bei der Lumbriciden-Humusbildung weitgehend ineinander. Sie fallen zeitlich und örtlich in einen gemeinsamen Entwicklungsprozeß. Die bodenmischende Tätigkeit der Würmer unterbindet die Entwicklung horizontweise abgegrenzter Entwicklungsstufen. Die Auswirkung der Bodenmischung ist an der verschiedenen Färbung benachbarter Regenwurm-

kotteilchen zu erkennen. Dies kommt bei Regenwurmhumus-Dünnschliff-
präparaten im Mikrodurchlichtbild besonders deutlich zum Ausdruck
(Tafel II – Abb. 2). W. Kubiena (35) spricht vom *mosaikartigen Bodengefüge*.

Die bodenbearbeitende und bodenmischende Tätigkeit der Regenwürmer zeichnet sich auch im Bodenprofilbild ab (Tafel V – Abb. 3 und 4).
Der mit zunehmender Bodentiefe im allgemeinen allmählich abnehmende
Humusgehalt des Oberbodens (A-Horizont) ist an einer entsprechenden
Abnahme des färbenden Einflusses humoser Substanz erkennbar. Der
Mullhorizont (A_1-Horizont) geht in allmählichem Übergang, also ohne
strenge Abgrenzung, in die Mullerdeschicht (A_3-Horizont) über. Bei
braunschwarz bis schwarz gefärbten Ausgangsböden (z. B. Tschernosem
u. dgl.) zeichnet sich der Einfluß des Mullhumus in einer leichten Auf-
hellung der Bodenfarbe ab (von forstökologischem Gesichtspunkt aus
betrachtet, liegt hier keine Degradation, sondern eine biologische Zustands-
verbesserung des Bodens vor). In der obersten Zone des Mullhorizontes
sind in der Regel wenig zersetzte bzw. unzersetzte organische Abfallsubstanzen mehr oder weniger eingemischt.

Die Mächtigkeit des Mullhorizontes wird 1. von der Menge an zu-
geführtem organischen Abfall sowie von der Lebhaftigkeit der Regenwurmtätigkeit und 2. von dem Verhältnis zwischen Humusbildung und Humusabbau bestimmt. Hierbei sind sowohl bodenklimatische als auch boden-
chemische Ursachen entscheidend. Auf Standorten mit lang anhaltender
Winterstarre, also in derartigen Lagen des kühlhumiden Klimas, begegnet
man häufig mächtigen Regenwurmmullhorizonten, weil der mikrobielle
Humusabbau während eines großen Teiles des Jahres stillgelegt bzw.
durch Wärmemangel gedrosselt ist (W. Leiningen – 08, 12, L. Tschermak – 21). Auf Standorten mit Kalk- bzw. Salzüberschuß und guter
Kalk- bzw. Salzwirkung, also unter Verhältnissen, denen man im besonderen in steppenartigen Klimagebieten begegnet, erfährt der mikrobielle
Humusabbau durch dieses Übermaß an Kalk oder Salzen eine ebenfalls
weitgehende Drosselung. Es kommt daher auch in diesen Fällen zur
Entwicklung beachtlicher Regenwurmmullhorizonte. Auf Standorten mit
an sich lebhaftem Humusabbau, also auf Örtlichkeiten mit ausgeglichenem,
humiden Bodenklima, entwickeln sich zueinander gut abgestimmte
Horizonte, wobei deren Mächtigkeit mit dem Umfang der Streuproduktion
steigt und fällt.

Der durch Regenwurmtätigkeit hervorgehende Humus wird allgemein
als *Lumbricidenmull* bezeichnet. Unter *Mull* versteht man die im Tierleib
verarbeitete und geformte, mit Bakterien und Aktinomyceten (Strahlenpilzen) angereicherte, als Kot (Exkrement oder Losung) ausgeschiedene
Mischung von amorphem (strukturlosem) Humus mit mineralischen
Feinbestandteilen, soweit letztere bei der Nahrungsaufnahme mit-
einbezogen wurden.

Der Lumbricidenhumus ist äußerlich an der knollig-nierigen Gestalt
der Regenwurmexkremente leicht erkennbar (Tafel XXVIII – Abb. 1).
Roteteilchen und Pilze treten stark zurück. Der beachtliche Gehalt an

Strahlenpilzen verleiht diesem Waldhumus den typischen Geruch einer guten Gartenerde. In tonhaltigen und nicht aufgeschlämmten Böden bleibt die Gestalt der Wurmexkremente verhältnismäßig lange erhalten. Man kann so die Tätigkeit der Würmer im Bodenprofil — sehr gut sichtbar — verfolgen. Im *Dünnschliff* eines solchen Humus erkennt man, unter dem Durchlichtmikroskop, eine große Zahl feinster und gröberer Mineralkörnchen und Splitterchen, die in einer humus-tonigen, amorphen Grundsubstanz eingebettet sind (Tafel XXVII – Abb. 1). Bei polarisiertem Licht betrachtet (Tafel XXVII – Abb. 2), leuchten diese Mineralteilchen hell auf. Ein Beweis, daß es sich nicht etwa um Hohlräume handelt, die bei polarisiertem Licht dunkel erscheinen. Damit ist der Reichtum der Regenwurmlosungen an mineralischem Bodenskelett mikromorphologisch nachgewiesen. Liegt eisenhältiger Feinboden vor, dann nehmen die Regenwurmkotteilchen durch Glühen, bei gleichzeitig ziegelartiger Verhärtung, eine rostrote Farbe an (Tafel VI – Abb. 3). Bei ausgebleichtem Feinboden bleibt es bei der Verhärtung allein (Beweise, daß in den Exkrementen tonige Substanzen eingeschlossen sind).

Floristisch sind Standorte mit primärer Regenwurmhumusbildung durch geschlossene Kräuter-Grasdecken (Tafel I – Abb. 1) bzw. durch eine nitrophile Schattenkräutervegetation (Tafel II – Abb. 1) gekennzeichnet.

Die für die Regenwurmhumusbildung charakteristische Ton-Humus-Koppelung im Tierdarm und die ausgeprägte bodenmischende und bodenbearbeitende Tätigkeit der Würmer bedingen eine weitgehende Einflußnahme des mineralischen Feinbodens auf diese Humusbildung. Daraus ergeben sich typische Unterschiede in der Eigenart des Waldhumus, die zur Herausstellung folgender Subtypen dieses Humusgrundtyps Anlaß geben:

1. *Lumbricidenhumusbildung hoher Sättigung* (neutral bis alkalisch, pH-Zahl in KCl: über 6.5).

2. *Lumbricidenhumusbildung mittlerer Sättigung* (schwach sauer, pH-Zahl 5.3 bis 6.4).

3. *Lumbricidenhumusbildung geringer Sättigung* (sauer bis stark sauer, pH-Zahl 4.1 bis 5.2).

Lumbricidenhumusbildung hoher Sättigung

Die hauptsächliche Voraussetzung für diese Humusentwicklung ist gegeben, wenn innerhalb des humosen Bodenraumes ein *Übermaß an Kalk- bzw. Salzwirkung* herrscht. Bestimmend dafür sind vor allem der durchschnittliche Konzentrationsgrad der Bodenlösung und der Kalk- bzw. Salzauftransport durch Würmer. Die Kalk- bzw. Salzzufuhr durch Kapillar- und Fimwasser sowie durch kalk- bzw. salzhältiges Hangwasser ist im positiven Sinne entscheidend; Bodenauswaschung im negativen Sinn. Dementsprechend entwickelt sich kalk- bzw. salzreicher Humus in humiden und extremhumiden Klimagebieten nur auf *trockenen Stand-*

orten, während man dieser Humusbildung in steppenartigen Gebieten auch auf mäßig-frischen Örtlichkeiten begegnen kann. In beiden Fällen ist letztlich der Grad des hydrologischen und biologischen Kalk- bzw. Salzzutransportes bestimmend. Hochanstehende, grobkörnige Bodenschichten, seien es auch nur dünne Grobsandadern, unterbinden den hydrologischen Kalk- bzw. Salzauftransport. In diesen Fällen entwickeln sich dann, trotz Kalk- bzw. Salzreichtum im Untergrund, milde bis saure Humushorizonte. Dasselbe gilt für Standorte mit Kalkgesteinsgrus, -kies, -schutt und -geröll als Untergrund, auf dem sich in der Regel milder bis saurer Humus aufbaut, weil die hydrologische Kalkzufuhr zum Auflagehumushorizont eine starke Drosselung erfährt. Innerhalb des grobklastischen, kalkreichen Untergrundes kann es hingegen zur Entwicklung hochgesättigter Humussubstanz kommen.

Der *kalkgesättigte Regenwurmhumus* ist unter anderem durch eine in der Regel dunkle bis grau-schwarze Farbe und durch gute und beständige Krümelung gekennzeichnet. In Auswirkung steppenartigen Klimas und des damit verbundenen starken Steigwassereinflusses, kommt es häufig zur Entwicklung sekundärer *Kalkanreicherungshorizonte.* Ausblühung von Kalzitnadeln (Tafel XXIX – Abb. 1) und Kalzitkristallbildung in den Kapillaren (Tafel XXIX – Abb. 2) führen bis zur vollständigen Ausfüllung der Bodenhohlräume. Weil diese Kalzitnadelanreicherung einer weißen Pilzmyzelbildung ähnlich sieht, spricht man auch von einer *Pseudomyzelbildung.* Verfasser konnte im niederösterreichischen Weinviertel unter dem Manhartsberg (Forstamt Wolkersdorf) und im Marchfeld (Gänserndorf) nachweisen, daß Schwarz- und Weißkiefern (Pinus austriaca und Pinus silvestris) im Stangenholz- und Baumholzalter, durch Entwicklung derartiger Kalkanreicherungshorizonte, in niederschlagsarmen Jahren, in Massen zum Absterben gebracht werden können.

Je nach dem Ausgangsbodentyp lassen sich die kalkgesättigten Regenwurmhumusbildungen aufgliedern in solche auf Rendzina, Tschernosem, Löß, Parabraunerde, schwarzerdeähnlichem Auenboden und anderen, kalkreichen Bodentypen trockener Standorte.

Kalkreicher Regenwurmhumus zählt, weil dessen Bildung an Bodentrockenklima gebunden ist, im allgemeinen zu den wenig fruchtbaren Waldhumusbildungen. Auf diesen Örtlichkeiten ergibt sich für die Forstwirtschaft im besonderen Maß die Forderung nach Ausrichtung der waldbaulichen und betriebstechnischen Maßnahmen auf Sonnen- und Windschutz. Es sind vor allem zu beachten: stufiger Kronenaufbau mit gutem Vertikal- und Horizontalschluß; gut ausgebildeter Trauf; möglichste Bevorzugung von Schattholzarten und Halbschattholzarten (Baumarten); Vermeidung länger anhaltender Kahlstellungen und Bestandsauflichtungen mit Vergrasung, die zur Versteppung führt.

Die Degradation des kalkreichen Regenwurmhumus bewegt sich ausnahmslos in der Richtung zur *pathologischen Pilzhumusbildung* (Tafel XXIV – Abb. 3).

Der *salzreiche Regenwurmhumus* stellt sich als eine ausgesprochen *steppenartige* Waldhumusbildung dar. Man begegnet demselben in Mitteleuropa auf ehemaligem Meeresgrund in semiariden und semihumiden Klimagebieten. Es wird in der Hauptsache Natriumkarbonat (Soda) durch Steigwasser und Würmer hochgezogen und in Zeiten beginnender Bodenaustrocknung zur Ausblühung gebracht (Tafel XXVIII – Abb. 2). Österreichs größtes Salzbodengebiet liegt im Seewinkel am Neusiedlersee. Inselartige Vorkommen findet man im niederösterreichischen Weinviertel unter dem Manhartsberg. Ausgedehnte, bewaldete Salzböden liegen in den Randgebieten der ungarischen Tiefebene (FEHÉR und BOKOR – 31). Man bezeichnet diese solonecartigen Alkaliböden als *Szikböden*. Es handelt sich in der Hauptsache um künstliche Aufforstungen. Von Natur aus werden diese Standorte von einem Steppenbuschwald besiedelt, bestehend aus Ulmus glabra, Quercus robur, Pinus pinaster, Tamarix gallica, Acer tataricum, Morus alba, Sambucus, Crataegus, Evonymus u. a. xerophilen Sträuchern, Gräsern und Kräutern. Auf den niederösterreichischen Saliterböden entwickelt sich der strauchreiche Eichen-Hainbuchen-Steinsamen-Typ mit zahlreichen Vertretern der Trockenrasengesellschaft. Evonymus, Crataegus monogyna, Viburnum lantana, Lonicera xylosteum, Berberis vulgaris, Staphylea pinnata, Sorbus torminalis, Ligustrum, Cornus sanguinea und Cornus mas, Prunus spinosa u. a. xerophile Sträucher sind wichtigste Vertreter dieses Buschwaldes.

Dieser Eigenart des oberirdischen Vegetationskleides entspricht eine ebenso eigenartige und spezifische Zusammensetzung der Bodenmikroflora (FEHÉR und BOKOR – 31). Es wird von Mangel an N-bindenden Mikroorganismen berichtet, während nitrifizierende und ammonifizierende Organismen in genügender Anzahl vertreten sind. Denitrifizierende Bakterien sind in der Regel reichlich vorhanden. Fadenpilze fehlen oder sie treten stark zurück. Hingegen begegnet man häufig einem reichlichen Auftreten von Aktinomyzeten.

In der warmen, feucht-frischen Jahreszeit ist die biologische Tätigkeit in diesen Böden außerordentlich lebhaft. Die Humusbildung schreitet rasch fort. Der amorphe Humus gibt dem Boden eine mehr oder weniger dunkel- bis schwarzgraue Farbe. LANG (26) spricht von *Salzschwarzerden*. Die Form der Regenwurmexkremente ist in der Regel gut erhalten, obgleich Soda eine Quellung der Tonkolloide bewirkt und damit den Boden schleimig und gering durchlässig macht.

Standorte, auf denen sich selbst unter standortsgemäßem Steppenbuschwald ein hochanstehender Salzhorizont entwickelt, sind für Wirtschaftswald ungeeignet. Auf weniger extremen Örtlichkeiten vermag ein gut beschattender und reichlich streuproduzierender sowie windabhaltender Wald eine wesentliche Umorientierung der Waldhumusbildung in die humide Richtung zu bewirken. Hier kann die im Unterboden herrschende alkalische Reaktion nach oben bis zum neutralen und schwachsauren Reaktionsbereich umgestimmt werden. Es ist, analog wie bei den kalkreichen Standorten, die Aufgabe der Forstwirtschaft, diesen humiden Einschlag in der Waldhumusentwicklung möglichst zu begünstigen bzw. alles vorzukehren, um eine Versteppung dieser empfindlichen Standorte abzuhalten. Unrichtige Baumartenwahl löst auch hier *Humusdegradationen in der Richtung zur Pilzhumusbildung* aus.

Lumbricidenhumusbildung mittlerer Sättigung

Man spricht auch vom *milden Humus* (*humus doux* nach P. DUCHAUFOUR – 60). Mit diesem Regenwurmhumus ist die *fruchtbarste Waldhumusbildung* gegeben. Dieser Humus entspricht in seiner Eigenart und Güte der Gartenerde. Seine Entwicklung setzt einerseits eine lebhafte *zoogene* Humusbildung und anderseits eine Säureabsättigung voraus, die zur Bildung und Erhaltung einer schwach sauren Bodenlösungsreaktion genügt.

Es müssen demnach 1. günstige Lebensbedingungen für die Bodentiere, vor allem für Regenwürmer, und 2. Säureabsättigungskomplexe in einem Maße vorhanden sein, das zur Säurebildung in einem ungefähren Gleichgewicht steht. Denn ein Überschuß an Basen würde zum kalk- bzw. salzreichen Humus führen und ein Abgang an Absättigungskomplexen zum sauren Regenwurmhumus. Entscheidend ist demnach der *Humussättigungsgrad*.

Weil mit jeder Humussättigung eine entsprechende Basenanreicherung innerhalb der Humuskomplexe verbunden ist, so spricht man von einem *Akkumulationsvorgang* (F. HARTMANN – 63).

Soweit die Absättigungskomplexe im Wege des *biogenen Nährstoffumlaufes* zugeführt werden, ist ein *biologischer Akkumulationsvorgang* gegeben. Erfolgt die Basenzufuhr durch Lösungsbewegungen einschließlich osmotischer Strömungen, dann liegt eine *hydrologische Akkumulation* vor.

Für den Grad der Humussättigung sind demnach letztlich entscheidend sowohl der *biogene Basenumlauf* als auch die *hydrologische Basenzufuhr* durch Steig-, Überflutungs- und Hangwasser (die diesbezüglich besondere Bedeutung des Hangwassers zeichnet sich in eindrucksvoller und unanfechtbarer Weise in den Tal- und unteren Hanglagen der Gebirgswälder ab).

Auf Standorten mit *geringer bis mäßiger hydrologischer Basenzufuhr* bestimmen jene Absättigungskomplexe den Humussättigungsgrad, die sich im biogenen' Basenumlauf befinden. Diese Feststellung findet Bestätigung in der allgemein zu beobachtenden und durch Bodenanalysen in beliebiger Zahl nachweisbaren Erscheinung, daß selbst auf Standorten mit verhältnismäßig bescheidenem Basengehalt des minerogenen Ausgangsmaterials (Granit, Gneis u. dgl.) milder Regenwurmhumus zur Entwicklung gelangen kann, wenn optimaler biogener Basenumlauf gegeben ist. Demgegenüber ist ebenfalls allgemein bekannt und durch Bodenuntersuchungen bewiesen, daß gedrosselter biogener Basenumlauf auch auf Standorten mit basischem Ausgangsmaterial (Amphibolit, Serpentin, Basalt u. dgl.) zur Bildung sauren Humus Anlaß gibt.

Der biogene Basenumlauf erreicht im allgemeinen ein Optimum, wenn einerseits der Basengehalt des Pflanzenabfalls selbst im Optimum steht und wenn anderseits dieser Abfall einer lebhaften *zoogenen* Umsetzung unterliegt. Bekanntlich stehen diesbezüglich Laubbäume, Laubsträucher und basiphile Kräuter vor den Nadelbäumen, wobei Tanne und, mit gewisser Einschränkung, auch Lärche eine Mittelstellung einnehmen. Die vorteilhafte Auswirkung derart günstiger Baumarten konnte schon unter vereinzelt eingemischten Bäumen nachgewiesen werden (F. HARTMANN – 63).

Eine weitere Voraussetzung für die Entwicklung milden Humus besteht darin, daß es zu keinem Säureübergewicht durch *Drosselung des mikrobiellen Humussäureabbaus* kommt. Tritt letztere ein, dann bildet sich *saurer Humus.*

Bei Entwicklung mächtiger, besonders humusreicher Horizonte milden Regenwurmhumus spricht S. A. WILDE (62) von *„melanisierten Böden“* (wegen der dunklen Farbe dieser Horizonte).

Auf Standorten mit raschem Streu- und Humusabbau bildet sich trotz Vorhandenseins einer lebhaften Regenwurmfauna, eine nur dünne Streuschicht, die einem blassen, durch Einwaschung von Humaten an Stickstoff angereicherten, nicht gekrümelten, plastischen Boden aufliegt. S. A. WILDE (62) bezeichnet diese milde Regenwurmhumusbildung als *„Kryptomull“.* Man begegnet derartigen Humusbildungen unter Laubwald in warm-humiden Klimaten auf schweren Böden (z. B. auf den aus Löß hervorgegangenen Parabraunerden bzw. rotbraunen Laubwaldböden des niederösterreichischen Weinviertels unter dem Manhartsberg).

Bei optimaler Gestaltung der vorhergehend aufgezeigten Voraussetzungen für milde Regenwurmhumusbildung kann sich dieser Humus auf verschiedensten Bodentypen entwickeln, sofern genügend Tonvorrat für ausreichende Ton-Humus-Koppelung gegeben ist.

Aus den Voraussetzungen für diese Humusbildung ergeben sich für die *forstliche Bewirtschaftung dieser Standorte* folgende *Richtlinien*: 1. Schaffung und Erhaltung optimaler Lebensbedingungen für die Regenwurmfauna, 2. Ausschaltung jeglicher Beeinträchtigung des hydrologischen und zoologischen Substanzzutransportes in den durchwurzelten Bodenraum, 3. tiefgreifende und intensive Bodendurchwurzelung und 4. Produktion von basen- und stickstoffreicher, leichtverweslicher Waldstreu durch richtige Baumartenwahl und Baumartenmischung.

Die große Abhängigkeit dieser Humusbildung von biotischen Einflüssen erklärt das besonders häufige Auftreten von *Degradationserscheinungen* als Auswirkung standortswidriger Forstwirtschaft.

Die *Degradationsentwicklung* beginnt mit der *Umstimmung des Regenwurmhumus mittlerer Sättigung in solchen geringer Sättigung.* Diese pathologische Entwicklung zeichnet sich sowohl in einer Verschiebung der Bodenlösungsreaktion vom schwach-sauren Reaktionsbereich zum sauren bis stark-sauren Bereich ab, als auch in einer charakteristischen

Veränderung des Elementargefüges der Humusformation. Das *Elementar-gefüge des Regenwurmhumus mittlerer Sättigung* kennzeichnet sich durch vornehmlich hüllenfreie Mineralkörnchen und Splitterchen, die in einer hohlraumreichen, humus-tonigen Grundsubstanz eingebettet sind. Als Auswirkung der weitgehenden Humusabsättigung fehlen Ablagerungen peptisierter Substanzen bzw. sie treten stark zurück. W. KUBIENA (35) bezeichnet dieses Elementargefüge als *intertextisch.* Demgegenüber kommt es in den Horizonten *gering gesättigten Regenwurmhumus* infolge der mangelhaften Humusabsättigung zu reichlichen film- und häutchen-artigen Ablagerungen peptisierter Substanzen an den mineralischen Skeletteilchen. Es besteht demnach die Tendenz zur Entwicklung eines *verwachsenhülligen Gefüges.* KUBIENA (35) spricht vom *plektoamikti-schen Gefüge.* An dieser Umstimmung im Elementargefüge läßt sich der Übergang vom Zustand mittlerer Sättigung zum Zustand geringer Sättigung gut verfolgen.

Bei der *weiteren Degradationsentwicklung* normal-natürlicher Regen-wurmhumusbildungen mittlerer Sättigung ergeben sich im Sinne früherer Ausführungen zwei verschiedene Entwicklungsrichtungen, je nachdem die Standorte zur Trockenheit oder zur Vernässung neigen.

Im erstgenannten Fall, also auf *zur Trockenheit neigenden Standorten,* treten beim Degradationsfortschritt in der Regel folgende Entwicklungs-stufen auf: 1. Drosselung der Lumbricidenhumusbildung, 2. Unterbin-dung der Lumbricidenhumusbildung und Einsetzen pilzbeeinflußter Arthropodenhumusbildung, 3. Entwicklung extremer Pilzhumusbildung und 4. Pilztrockentorfbildung.

Auf *Standorten mit Neigung zur Vernässung* nimmt der Degradations-fortschritt im allgemeinen folgenden Verlauf: 1. Drosselung der Regen-wurmhumusbildung, 2. Unterbindung der Lumbricidenhumusbildung und Einsetzen pilzbeeinflußter Arthropodenhumusbildung bei fortschreitender, seichter Boden- und Humusverdichtung mit beginnenden anaeroben Einflüssen, 3. Einsetzen von Fäulnishumusbildung mit zunehmender Rotfäule und 4. Übergang zur Sphagnumhumusbildung.

Auf *Standorten mit durchschnittlichem Bodenfrischklima* findet in der Regel nur eine Umstellung von der reinen (primären) Regenwurm-humusbildung zur *zoogenen Zwillingshumusbildung* statt, wobei unter basenarmer Streu eine Umstimmung von der mittleren Humussättigung zur geringen Sättigung einsetzt.

Die Eigenart dieser pathologischen Humusentwicklungen, wobei mikromorphologische Merkmale in den Vordergrund treten, wird später in gesonderten Abschnitten besprochen.

Die vorstehend aufgezeigten Gesetzmäßigkeiten finden in standorts-widrigen Nadelwäldern allenthalben Bestätigung.

Lumbricidenhumusbildung geringer Sättigung

Man spricht in diesem Fall auch vom *sauren Mull* (nach DUCHAU-FOUR – 60: „Mull acide").

Diese Humusbildung ist charakterisiert durch *lebhafte Regenwurm-tätigkeit bei Mangel an basischen Absättigungskomplexen* gegenüber dem Bestand an freien Säuren.

Der Mangel an Absättigungskomplexen kann verschiedene Ursachen haben: 1. unzureichender biogener Basenumlauf, daher niedrige biologische Basenakkumulation im Humusbereich, ausgelöst durch Produktion basenarmer Streu, 2. geringer hydrologischer Basenzutransport und damit niedrige hydrologische Basenakkumulation, 3. abgeschwächte Basenwirkung durch Übermaß an Zufuhr weichen Wassers, daher im Durchschnitt geringer Basenkonzentrationsgrad der Bodenlösung verbunden mit starker Auswaschung und 4. unzureichende Bindung freier Humussäuren an Ton bei Tonmangel.

Sind die vorgenannten Voraussetzungen für die Entwicklung sauren Regenwurmhumus naturgegeben, dann liegen *normal-natürliche Humus-bildungen* vor.

Bei *ausreichendem Tongehalt des Bodens für Ton-Humus-Koppelung und für Mullerdebildung* kommt es infolge Humussäureüberschuß zur Entwicklung des früher beschriebenen *plektoamiktischen* (verwachsen-hülligen) *Elementargefüges*, soferne dieser Entwicklung keine Auf-schlämmung entgegenwirkt. Dieses charakteristische Bodengefüge wird damit, neben dem verhältnismäßig niedrigen pH-Wert des Humus, zu einem brauchbaren Indikator für das Ansprechen dieser Humusbildung.

Liegen hingegen Böden mit ungenügendem Tongehalt für Mullerde-bildung vor und reichen die basischen Absättigungskomplexe für die Absättigung der Humussäuren nicht aus (tonarme, silikatische Sand-, Kies-, Schotter- und Geröllböden), dann spricht man, in Anlehnung an M. D. Hoover und H. A. Lunt (52), vom sauren *„Sandmull"* bzw. vom *„Kies-, Schotter- oder Geröllmull"*. Bei diesen Böden bewirkt der Ton-mangel einen verhältnismäßig raschen Zerfall der Wurmexkremente. Es fehlt damit die Voraussetzung für die Bildung eines mosaikartigen Bodengefüges, das sonst für Regenwurmböden charakteristisch ist. Es läßt sich deshalb in diesen Fällen die Regenwurmtätigkeit aus dem Bodenprofil in der Regel nicht ablesen. Dies ist bei der Beurteilung dieser Regenwurmhumusböden zu berücksichtigen. Weiters verdient auf diesen Standorten, in ernährungsphysiologischer Beziehung, der Umstand besondere Beachtung, daß der daselbst naturgegebene Mangel an minero-genen Nährstoffträgern (Tonkolloiden) durch die reichliche Gegenwart organogener Nährstoffträger (Humuskolloide) aufgewogen wird. Denn es ist bekannt, daß kolloidal zerteilte organische Substanz die Basen *Kali, Natron, Kalk* und sehr stark *Ammon* absorbiert und, je nach ihrer Bindung, Absorption durch Austausch bewirken kann. Auf diesen Umständen beruht die oft große Fruchtbarkeit dieser sauren Mullwald-böden.

Im allgemeinen treten auf Standorten mit saurem Regenwurmhumus an die Forstwirtschaft folgende hauptsächliche Forderungen heran: Schaffung und Erhaltung günstiger bodenklimatischer Verhältnisse und Produktion einer Waldstreu, die den Regenwürmern als Nahrung besonders zusagt (weicher organischer Abfall) und möglichste Hebung des Basenumlaufes durch tiefgreifende Bodendurchwurzelung.

In allen Fällen, wo die eingangs unter Punkt 1 bis 4 aufgezeigten Voraussetzungen für die Entwicklung sauren Wurmhumus auf verfehlte wirtschaftliche Maßnahmen zurückzuführen sind, liegen *pathologische Humusbildungen* vor. In diesen Fällen ist der *saure Regenwurmhumus* als *erste Stufe pathologischer Humusentwicklung* anzusprechen. Die *weitere Degradationsentwicklung* vollzieht sich in prinzipiell gleicher Weise wie beim vorbesprochenen *Lumbricidenhumus mittlerer Sättigung.*

b) Arthropodenhumusbildung

Bei diesem Typ zoogener Humusbildung stehen *Milben (Acari)* und *Springschwänze (Collembolen)* im Vordergrund. Außerdem nehmen an der Zersetzung organischen Abfalls noch *Asseln (Isopoden), Tausendfüßler (Myriapoden), Insektenlarven,* örtlich auch *Landschnecken (Mollusken)* teil. Die daselbst fehlenden oder stark zurücktretenden *Regenwürmer (Lumbriciden)* werden durch *Borstenwürmer (Enchytraeiden)* ersetzt, die bei reichlichem Auftreten (es wurden bis zu 150000 Borstenwürmer je Quadratmeter Waldstreu angeschätzt) zu einer verhältnismäßig raschen Umsetzung der Waldstreu führen. Von den Borstenwürmern werden auch härtere Waldstreubestandteile, wie morsche Holzteilchen, als Nahrung angenommen. In *lockeren* Böden kommt diesen Würmern auch ein gewisser bodenmischender Einfluß zu. Sie dringen bis in die hohen Gebirgslagen vor, meiden aber extrem trockene und vernäßte Standorte.

Die entscheidende Bedeutung dieser Bodenkleintiere (Mesofauna) für die Waldhumusbildung wurde schon von P. E. MÜLLER und von E. RAMANN gegen Ende des vorhergegangenen Jahrhunderts erkannt. Beide Autoren sprechen von *Insektenmull.*

Dazu kommen noch die *Bodenmikroben (Bakterien, Aktinomyzeten, Pilze* und *Protozoen)* als Träger der weiteren Umsetzung und Umformung (im Wege eigener Kadaver) des organischen Abfalls und des Humus sowie als Bildner von *Enzymen* und *Fermenten.*

Es liegt eine lange Kette biochemischer Prozesse vor, die in *fruchtbaren* Waldböden im weitaus überwiegenden Maß mit der humifizierenden Tätigkeit der *Mesofauna* beginnt.

Es ist erwiesen, daß die Arthopodenhumusbildung, bei lebhaftem und ungestörtem Bodenleben, bis zur Entwicklung von *Mullhumus* bzw. *mullartigem Humus* führen kann (Tafel V – Abb. 1 und 3, Tafel XXXI – Abb. 1).

Für die Arthropodenhumusbildung ist charakteristisch, daß sich die früher genannten *drei Humusentwicklungsstufen normal-natürlicher Humusbildungen* mikromorphologisch deutlich abzeichnen. Diese sind: 1. die Bildung echter Humusstoffe im Darm der streuverzehrenden Tiere (Erstzersetzer), 2. die Weiterentwicklung echter Humusstoffe in den

Exkrementen dieser Bodentiere und 3. die Humusveredlung im Darm koprophager Bodentiere (Tiere, die sich von den Exkrementen der streuverzehrenden Tiere und von den Zerfallsprodukten dieser Exkremente ernähren).

Die Arthropodenhumusbildung beginnt bei Laubstreu mit der Skelettierung der Blätter (Tafel II – Abb. 3). Die nachdunkelnden Exkremente gelangen (in der Regel zu Feinhumuskrümeln locker verklebt) zur lokalen freien Ablagerung.

Bei hartem Bestandsabfall, wie Nadelstreu und Holzteilchen, werden vorerst die Innengewebe vom Fraß erfaßt (Tafel IV – Abb. 3 und 4). An diesem Kavernenfraß sind vornehmlich *Hornmilben* beteiligt, deren Exkremente an ihrer charakteristisch eiförmig-zylindrischen Gestalt leicht erkennbar sind. Entsprechend dem abschnittsweisen Fraßfortschritt werden die Exkremente in den Fraßkavernen paketweise abgelagert. Es zeigt sich weiters, daß die Exkremente mit zunehmendem Alter deutlich nachdunkeln. Diese Nachdunkelung ist der sichtbare Nachweis für die fortschreitende Entwicklung echter Humusstoffe. Durch gegenseitige Verklebung der Kotteilchen bilden sich bereits innerhalb der Fraßkavernen kleine Feinhumuskrümeln.

Von außenher betrachtet, läßt sich diese, im Innern der Abfallsubstanz bereits weitgehend fortgeschrittene Arthropodenhumusbildung nicht vermuten. Diesbezüglich geben *Dünnschliff-, Scharfschnitt-* und *Hackpräparate* bzw. *Staubpräparate* sichere Auskunft (Tafel IV – Abb. 2, 3 und 4). Sie bestätigen, daß bei der Arthropodenhumusbildung die ersten zwei Entwicklungsstufen normal-natürlicher Humusbildung gegeben sind (ein wichtiges Kriterium für das Ansprechen dieser Humusbildung).

Die Dünnschliff- und Scharfschnittpräparate zeigen weiters auf, daß der Arthropodenhumus, solange er in den Fraßkavernen eingeschlossen ist, vor dem Zugriff der Wurzeln bzw. der Wurzelhaare und vor dem lösenden Einfluß des Sickerwassers weitgehend geschützt erscheint. Nadelstreuhumus dieses Entwicklungszustandes besitzt aus diesen Gründen nur geringe Fruchtbarkeit. Dies trifft im besonderen bei Fichten und Kiefern zu.

Es ist deshalb zu beachten, daß die Fruchtbarkeit des Nadelstreuhumus erst mit dem Zerfall des Nadelrindengerüstes beginnt. Stärkere Nadelstreuschichten, die dieses Stadium noch nicht erreicht haben, bilden nicht zuletzt deshalb ein großes Hindernis für die natürliche Verjüngung des Waldes.

Ein Arthropodenhumus, der sich im vorbeschriebenen Zustand des ersten Zerfalls organischer Abfallsubstanz befindet und sich in der Hauptsache aus Roteilchen zusammensetzt, deren äußere Gestalt noch gut erhalten ist, wird vom Verfasser als *Arthropodengrobmoder* bezeichnet (Tafel IV – Abb. 3). Vereinzelt können bereits geöffnete Kavernen (Tafel IV – Abb. 4) auftreten (Übergangsstadium zum Feinmoder). Führt Arthropodengrobmoder zur Entwicklung eines ausgeprägten Humushorizontes, dann wird dieser als *Vermoderungsschicht* oder F-Horizont (HESSELMAN – 25) bezeichnet.

Mit dem weiteren Zerfall der organischen Abfallsubstanz tritt die Arthropodenhumusbildung in das Stadium des *Arthropodenfeinmoders* ein (Tafel IV – Abb. 1). Der Großteil des zoogenen Humus befindet sich bereits in freier Lagerung. Er ist überwiegend zu feinen Krümeln gefügt und stark nachgedunkelt. Eiförmig-zylindrische Humusteilchen treten mengenmäßig stark zurück. Diesem Feinhumus sind aber noch beachtliche Mengen an Rotesubstanz und deren Bruchstücken beigemischt. Die einzelnen Roteteilchen sind in ihrer äußeren Form noch gut erhalten, während in ihrem Innern der Milbenfraß fortschreitet (Tafel XXX – Abb. 1).

Die starke Humusnachdunkelung und die reichliche Bildung sekundärer, locker gefügter Feinhumuskrümeln weisen auf eine lebhafte *koprophage Tätigkeit* (Tafel IV – Abb. 1 und Tafel XXX – Abb. 1). An dieser sind vor allem gewisse Collenbolen sowie Engerlinge und andere Insektenlarven beteiligt. Damit bestätigt sich die Gegebenheit der dritten, vorgenannten *Entwicklungsstufe* normal-natürlicher Waldhumusbildungen.

Es ist hervorzuheben, daß sich die vorstehend beschriebenen, drei Entwicklungsstufen des Arthropodenhumus im *Staubpräparat* (Tafel IV – Abb. 2) deutlich *abzeichnen*. Man erkennt frische, hellbraungefärbte und ältere, verschiedenen Grades nachgedunkelte, eiförmig-zylindrische Milbenkotteilchen als Beweis für die Bildung echter Humusstoffe im Darm der streuverzehrenden Tiere sowie für die Weiterentwicklung echter Humusstoffe in den Exkrementen dieser Tiere. Man findet weiters feingekrümelte, stark nachgedunkelte Feinhumuskomplexe unterschiedlichster Gestalt als Auswirkung koprophager Einflüsse. *Das Staubpräparat wird damit zu einem verläßlichen Indikator für das Ansprechen normal-natürlicher Arthropodenhumusbildung.*

Der *Arthropodenfeinmoder* setzt sich aus einem lockergefügten Gemisch von vornehmlich gekrümelter, stark nachgedunkelter Feinhumuskomplexe mit in noch beachtlicher Menge vorhandener Rotesubstanz zusammen. Guter Arthropodenhumus zeigt in allen Entwicklungsstufen eine nur *mäßig entwickelte Pilzvegetation*. Vor allem treten Schimmelpilze weitgehend zurück. Arthropodenhumus zeichnet sich daher durch einen *angenehmen* Pilzgeruch aus. Hier von einem Modergeruch zu sprechen, wäre unbegründet. Guter Arthropodenhumus ist niemals dicht verfilzt. Vereinzelt treten *Protozoenzysten* auf, die unter dem Auflichtmikroskop als perlenartige Gebilde (Tafel IV – Abb. 2) leicht erkennbar sind und die Gegenwart dieser einzelligen Tierchen bestätigen. Über den Einfluß dieser Urtierchen auf die Humusbildung sind wir noch ungenügend unterrichtet.

Der *Feinmoderhorizont* wird wegen seines bereits großen Gehaltes an echten Humusstoffen als *Humusstoffschicht* oder *H-Horizont* (HESSELMAN – 25) bezeichnet. Die Humusstoffschicht hebt sich im Humusprofil durch ihre dunkel- bis schwarzbraune Farbe gegenüber der heller gefärbten Vermoderungsschicht in der Regel deutlich ab.

Erreicht die Arthropodenhumusbildung jenes Reifestadium, bei dem nur mehr geringfügige Reste unzersetzter, also noch die Zellstruktur aufweisender Substanz vorhanden sind, oder wo derartige Reste, praktisch gesehen, fehlen, liegt *Arthropodenmull*, nach E. RAMANN und P. E. MÜLLER *Insektenmull*, vor (Tafel V – Abb. 1, 2 und 3; Tafel XXXI – Abb. 1). Im Gegensatz zum Lumbricidenmull sind die Humuskrümel des Arthropodenmull verhältnismäßig locker gefügt (Tafel XXXI – Abb. 1) und es fehlen in der Regel gröbere Mineralbestandteile.

Eine weitere Unterscheidungsmöglichkeit zwischen Arthropoden- und Lumbricidenhumus ist im allgemeinen im Wege des *Glühpräparates* gegeben (Tafel VI – Abb. 3). Arthropodenhumus, gleichgültig welcher Entwicklungsstufe, zerfällt durch Glühen zu Asche, während Regenwurmhumus (Sandmull ausgenommen) vermöge seines Tongehaltes eine Verhärtung erfährt und bei Gegenwart eisenhaltiger Tonsubstanz eine ziegelrote Farbe annimmt.

Arthropodenhumus kann sich auf jeder mineralischen Grundlage entwickeln, sofern die Lebensbedingungen für Arthropoden gegeben sind und diese Kleintiere im Konkurrenzkampf mit anderen Lebewesen (Pilze, Würmer) bestehen.

Für die Entwicklung von Arthropodenmull sind optimale Lebensbedingungen für Arthropoden und Enchytraeiden sowie die Ausschaltung bzw. weitgehende Drosselung der Lumbricidenfauna, vor allem der großen Regenwürmer, Vorbedingung. Die wichtigsten Voraussetzungen sind: ausgeglichenes Bodenfrischklima (einschließlich Auflagehumushorizont); ausreichende Bodendurchlüftung, daher lockeres Bodengefüge; Zufuhr geeigneter Nahrung für Arthropoden und Enchytraeiden. Die Ausschaltung bzw. weitgehende Drosselung des Einflusses der Regenwürmer ist von Natur aus auf allen Örtlichkeiten gegeben, denen die notwendigen frostfreien Winterquartiere für Regenwürmer fehlen, weiters auf Standorten mit tonarmen, grusigen Böden, die von Regenwürmern wegen Scharfkantigkeit des Bodenskeletts gemieden werden, und schließlich auf Örtlichkeiten mit harter Nadelstreu (Kiefern- und Fichtendickungen), die den Regenwürmern als Nahrung nicht bzw. wenig zusagt.

In *kühl-humiden Gebirgslagen* bildet Arthropodenhumus häufig verhältnismäßig *mächtige Horizonte*, weil hier Wärmemangel und kurze Dauer der wärmeren Jahreszeit eine Drosselung des mikrobiellen Humusabbaus bewirken. Man spricht in diesen Fällen von „*Alpenhumus*" (E. RAMANN – 05, W. LEININGEN-WESTERBURG – 08, 09 und 12, L. TSCHERMAK – 21).

In *warmen bis temperaturgemäßigten Lagen* ist hingegen der Arthropodenhumus einem verhältnismäßig lebhaften Humusabbau ausgesetzt, weil der Arthropodenhumus (im Gegensatz zum Lumbricidenhumus), infolge mangelnder Ton-Humus-Koppelung, gegen humusabbauende Mikroben wenig geschützt ist. Es kommt deshalb in diesen Fällen zur Entwicklung *geringmächtiger Humushorizonte* (z. B. unter Kiefer auf warmen, sandigen Standorten).

Arthropodenhumus kann sich je nach dem Umfang des biogenen Basenumlaufs, je nach Basenkonzentration der Bodenlösung und je nach Sicker-, Hang- und Steigwassereinfluß als *kalkreicher, milder* oder *saurer Humus* entwickeln.

Die Bildung des *kalkreichen Arthropodenhumus* setzt starke Kalkwirkung im Auflagehumushorizont voraus. Letztere ist vor allem gegeben bei hochanstehendem Kalkgestein auf Standorten mit gemäßigter Lösungswasserzufuhr in Form von Sicker- und Hangwasser. Es kommt zur Entwicklung verhältnismäßig hoher Kalkkonzentrationen in der Bodenlösung, wobei Kalk vor allem durch Steigwasser in den Auflagehumushorizont hochgezogen wird. Diesen Voraussetzungen begegnet man auf *trockenen bis mäßig-frischen Standorten mit hochanstehendem Kalkgesteinfels*. In diesem Fall entwickelt sich *rendzinaartiger Arthropodenhumus*.

Auf *frischen bis sehr frischen Standorten* bildet sich selbst auf Kalkgestein milder Humus (Tafel V – Abb. 2), der mit zunehmender Mächtigkeit sogar in sauren Humus übergehen kann.

Auf *silikatischem Gestein* entscheidet in erster Linie der *Basengehalt der Waldstreu*, ob *milder* oder *saurer Arthropodenhumus* zur Entwicklung kommt.

Basenreiche Streu führt zu einer Basenanreicherung innerhalb des Arthropodenhumus, dem dann große Bedeutung für die Ernährung und Verjüngung des Waldes zukommt. Man spricht von der Entwicklung eines *physiologischen Anreicherungshorizontes* (F. HARTMANN – 59, 60, 63).

Bei *saurem Alpenhumus* wirkt sich das hier bestehende Übermaß an ungesättigten Huminsäuren in einer beachtlichen Ablagerung von Huminen und Eisenhumaten aus, wovon der gesamte Oberboden bis in den Auflagehumus hinauf erfaßt werden kann. In diesem Fall zeigen sich an den veraschten Humusteilchen rostrote Rinden als Rückstand der geglühten Eisenhumatbelage (Tafel XVI – Abb. 1 und 2). Im mineralischen Oberboden führen diese Humin- und Humatablagerungen zur Entwicklung eines plektoamiktischen (verwachsenhülligen) Gefüges (F. HARTMANN – 52).

Auf Waldstandorten mit *mildem und saurem Arthropodenhumus* kommt den *Mykorrhizapilzen* eine große ernährungsphysiologische Bedeutung zu. Es zeigt sich, daß milder und saurer Arthropodenhumus erst dann zum fruchtbaren Nährboden des Waldes wird, wenn es zur Ausbildung guter Mykorrhizen kommt. Der sicherste floristische Anzeiger für fruchtbaren, milden bis sauren Arthropodenhumus ist im *Oxalis acetosella* (Sauerklee) gegeben.

Den vorbesprochenen *normal-natürlichen Arthropodenhumusbildungen* stehen derartige Humusentwicklungen *pathologischer Art* gegenüber, die durch verfehlte wirtschaftliche Maßnahmen ausgelöst werden. Diese *pathologischen Arthropodenhumusbildungen* stellen die *erste Degradationsstufe* dar *nach Lumbriciden- bzw. zoogener Zwillingshumusbildung*. In beiden Fällen ist das auslösende Moment in einer Drosselung bzw. Ausschaltung der Regenwürmer gegeben, wobei die Umstellung vom Laubwald bzw. vom Laub-Nadel-Mischwald zum reinen Nadelwald, im besonderen zum reinen Fichten- und Kiefernwald, als hauptsächliche

Ursache zu gelten hat. Die damit verbundene ungünstige Beeinflussung des Bodenklimas, des Bodengefüges und der Waldstreuzusammensetzung bedingt im allgemeinen, bei gleichzeitig *zunehmender Humusverpilzung*, eine *Schwächung der Arthropoden- und Enchytraeidentätigkeit*. Die Folgen sind *verlangsamte Streuzersetzung und gedrosselte Arthropodenhumusbildung*.

Auf *kalkarmen Standorten* bleibt dann die Humusbildung in der Regel im *Feinmoderstadium* stecken. *Starke Schrumpfung des A_1-Horizontes*, also des humosen Oberbodens (Tafel V – Abb. 2 – Profil II-1), sowie die *Degradierung* vom *normal-natürlichen Mullerdezustand zum Modererdezustand* (Tafel XXX – Abb. 2) sind die weiteren Folgen dieser Degradationsentwicklung.

Auf *Kalkgesteinsstandorten* setzt hingegen in der Regel im unteren Teil des Auflagehumus (H-Horizont), bei gleichzeitiger Abnahme der Humusverpilzung, eine *verstärkte zoogene Humusbildung* ein. Unter dem daselbst beachtlichen Kalkeinfluß bildet sich stark nachgedunkelter Feinhumus, der auf trockeneren Standorten rendzinaartigen Charakter annimmt, während in frischeren Lagen milder mullartiger Humus zur Entwicklung kommt. In diesen Fällen beschränkt sich demnach die Humusdegradation auf einen verstärkten Pilzeinfluß innerhalb der obersten Auflagehumusschicht (F-Horizont) und auf ein Anwachsen dieses Horizontes zu einer mehr oder weniger mächtigen, ökologisch ungünstigen Auflage.

Aus alldem erscheint es begründet und vom Gesichtspunkt der Standortszustandsbeurteilung notwendig, zwischen *normal-natürlicher* und *pathologischer Arthropodenhumusbildung* zu unterscheiden. Letztere ist in der Regel als ein Übergangsstadium zu weiteren Humusdegradationen, die später zur Besprechung gelangen, zu betrachten.

c) Zoogene Zwillingshumusbildung

Bei dieser Humusbildung liegt eine Kombination zwischen Arthropoden- und Lumbricidenhumusbildung (F. HARTMANN – 52) vor. Es sind die Vorzüge beider Humusbildungen vereinigt. Im besonderen sind hervorzuheben einerseits die verhältnismäßig rasche Verarbeitung harten Bestandsabfalls (Nadelstreu, verholzte Substanz) durch vornehmlich Arthropoden und Enchytraeiden und anderseits die koprophage Humusweiterentwicklung, die Ton-Humus-Koppelung, die Bodenbearbeitung und Bodenmischung (Mullerdebildung) durch Lumbriciden. Die mitentscheidende Bedeutung der Arthropodenhumusbildung findet bei der Bezeichnung dieses Humustyps Berücksichtigung.

Diese kombinierte Humusbildung ist den Verhältnissen, wie sie in natur- bzw. standortsgerechten Nadelwäldern (Tafel VI – Abb. 1 und 2), in Laub-Nadel-Mischwäldern (Tafel III – Abb. 1 und 2) und häufig auch in Rotbuchenwäldern gegeben sind, besonders angepaßt. Sie ist in diesen Fällen die naturgebotene Voraussetzung für optimale Humusgestaltung. Man sollte hier nicht von einer *gehemmten* Streuzersetzung sprechen, denn die zoogene Zwillingshumusbildung führt daselbst zur standörtlich raschesten und bestmöglichsten Zersetzung harter Abfallsubstanz und zum standörtlich optimalen Humuszustand. Auf dieser Grundlage entwickeln sich unsere massenreichsten Urwälder (Tafel XLI – Abb. 1) und Wirtschaftswälder (Tafel III – Abb. 1 und Tafel VI – Abb. 1) dieser Art.

Während es in Laubwäldern, sofern deren Streu den Regenwürmern als Nahrung entspricht und nicht im Übermaß anfällt, zu keiner beachtenswerten Entwicklung von Auflagehumus kommt, ist in den vorgenannten Fällen die Bildung *ausgeprägter Auflagehumushorizonte* in der Regel gegeben. Diese setzen sich in deren *oberen Teil in der Hauptsache aus Arthropodenhumus* zusammen. Es kommt aber *nicht* bis zur *Arthropodenmullbildung*, weil bereits im *Feinmoderstadium* der Einfluß vornehmlich *koprophager Regenwürmer* einsetzt. Es entwickelt sich zunächst *mullartiger Moder*, der allmählich in *Mull* übergeht, auf den nach unten, mehr oder weniger tiefgreifend, *Mullerdebildung* folgt. Hierbei ist die Grenze zwischen Arthropodenhumusbildung und Regenwurmhumusbildung durch die mischende und transportierende Tätigkeit der Regenwürmer weitgehend verwischt (Tafel XXIV – Abb. 3). Das Staubpräparat aus der obersten Moderschicht und Scharfschnitte durch Nadelstreu- und Holzteilchen bestätigen das Vorwalten einer lebhaften Arthropodentätigkeit. Aus dem *Wurzeltyp forstlicher Jungpflanzen* ergibt sich eine klare Unterscheidung zwischen Auflagehumushorizont und Mullerdehorizont (Tafel XL – Abb. 1, Pflanzen 1 und 2). Im Auflagehumus bilden sich verhältnismäßig zarte, reichverzweigte und mit Mykorrhizen stark besetzte Wurzeln, während die im Mullhorizont zur Entwicklung gelangenden Feinwurzeln gröber, weniger verzweigt und ärmer an Mykorrhizen sind. Dies bestätigt die Existenz einer Auflagehumusschicht, die sich vom benachbarten Mullhorizont in ökologischer Beziehung wesentlich unterscheidet. Diese Feststellung ist auch vom waldbautechnischen Gesichtspunkt interessant.

Aus dem Zusammenwirken der Arthropoden- und Lumbricidentätigkeit wird ein Humuszustand erreicht, der sich floristisch durch einen oxalisreichen, nitrophilen Schattenkräutertyp (Tafel III – Abb. 2 und Tafel XLI – Abb. 1) abzeichnet, wobei sich in standortsgemäßen Nadelwäldern (Tafel VI – Abb. 1) Astmoose mehr oder weniger einschalten (Tafel VI – Abb. 2).

Verfehlte wirtschaftliche Maßnahmen, wie im besonderen unrichtige Baumartenwahl, führen auch hier zu *Degradationserscheinungen*, die sich vorerst im Rückgang bzw. in der Ausschaltung des Lumbricideneinflusses und damit in der Entwicklung der vorhergehend besprochenen *pathologischen Arthropodenhumusbildung* ausdrücken. *Drosselung im Basenumlauf*, verursacht durch wirtschaftsbedingte Umstellung von der Produktion basenreicher Waldstreu zu basenarmer Streu, führt vom *milden zum sauren Humus*. Folgen *ungünstige bodenklimatische Umstimmungen*, ausgelöst durch sekundäre Waldstreu-, Humus- und Mineralbodenverdichtungen, so äußern sich diese Klimaverschlechterungen in einer *standortsbedingt-gesetzmäßigen Weiterentwicklung der Humusdegradation.*

Diese Entwicklung beginnt mit einer *zunehmenden Humusverpilzung* und führt, auf Standorten mit *Neigung zur Trockenheit*, in extremen Fällen bis zur *Pilzmoder- und Pilztrockentorfbildung*; auf Standorten mit Neigung zur *Vernässung* zur *pathologischen Fäulnishumusbildung*, in extremen Fällen bis zur *Sphagnumhumusbildung*.

Die Kenntnis und Beachtung dieser Gesetzmäßigkeiten bei der Wald-humusdegradation ist entscheidend für die Erstellung praktisch ausreichender Waldhumuszustandsdiagnosen.

Über die einzelnen Stufen dieser Waldhumusdegradationsentwicklungen wird im folgenden an Hand mikromorphologischer Bilder berichtet.

2. Eumycetisch beeinflußte zoogene Humusbildungen

Die Vorstufe für diese Humusbildung ist auf Waldstandorten gegeben, deren *dichtgelagerte* und durch Harz verklebte, zu Stücken abhebbare Nadelstreudecke mit einer schütteren und mäßig entwickelten Vegetation von vornehmlich Ast- und Bürstenmoosen sowie kleinstörtlich Boden-flechten und sporadisch krautiger Flora bestockt ist. Dieser Aspekt läßt auf eine bereits weitgehende Drosselung der Regenwurmtätigkeit und auf eine pathologische Humusbildung schließen. Es zeichnet sich damit die *erste Entwicklungsstufe der Humusdegradation* ab.

Mit zunehmender Drosselung der Bodendurchlüftung und Sicker-wasserzufuhr (ausgelöst durch die Nadelstreuverdichtung) treten Pilze in den Vordergrund. Damit bahnt sich die Entwicklung der *zweiten Degradationsstufe* an, die man als *eumycetisch beeinflußte zoogene Humus-bildung* ansprechen kann. Diese nimmt unterschiedlichen Verlauf, je nach Neigung des Standortes zur Trockenheit oder zur Vernässung.

a) Eumycetisch beeinflußte zoogene Humusbildung — trockener Typ

Der floristische Aspekt trägt in diesem Fall betont xerophilen Charakter. Es sind im allgemeinen im schütteren Verband vertreten: Bodenflechten (Cladonia), Besenheide (Calluna), Preiselbeere (Vaccinium vitis idaea), xerophile Gräser und Vertreter des trockenen Moostyps (Tafel VII – Abb. 3).

Das *Mikroauflichtbild* der obersten Humusschicht (Vermoderungs-schicht oder F-Horizont) kennzeichnet den Humuszustand eines *Grob-moders*, dessen Roteteilchen (Fichtennadeln) in ihrer äußeren Gestalt noch gut erhalten sind, die aber im auffallenden Maße von aufgelockerten *Pilzgespinsten* umgeben sind (Tafel VII – Abb. 4). Der Dünnschliff dieses Humus, im Durchlichtmikroskop betrachtet, bestätigt diese Feststellung (Tafel XXXI – Abb. 2). Man erkennt, daß die an sich locker gelagerten Roteteilchen von Pilzhyphen stark umsponnen sind. Die Querschnitte der Roteteilchen zeigen Kavernen, die Pilzhyphen und Milbenexkremente enthalten, woraus sowohl auf Pilztätigkeit als auch auf Milbenfraß geschlossen werden kann. Die Arthropoden stehen demnach im Konkurrenzkampf mit den Pilzen. Einzelne Kavernen sind bereits geöffnet. Dementsprechend treten im freien Bodenraum kleinere und größere, helle und nachgedunkelte, eiförmig-zylindrische Kotteilchen in beachtlicher Menge auf, die ebenfalls von Pilzhyphen umsponnen sind.

Die mikroskopische Untersuchung dieser obersten Humusschicht bestätigt demnach das Vorwalten der *ersten zwei Phasen normaler Arthropodenhumusbildung bei gleichzeitig starkem Pilzeinfluß auf die Humusbildung.*

Der nach unten folgende Horizont (H-Horizont) zeigt, unter dem Auflichtmikroskop betrachtet (Tafel VII – Abb. 1), eine *auffallende Abnahme der Humusverpilzung* gegenüber jener im vorbesprochenen Horizont (F-Horizont) auf. Die Humusschicht setzt sich in der Hauptsache aus äußerlich noch gut erhaltenen Bruchstücken des organischen Abfalls zusammen. Örtlich sind nachgedunkelte Feinhumuskomplexe beigemischt. Einen weiteren Einblick in die Eigenart dieses Humus vermittelt das *Dünnschliffpräparat* (Tafel XXXII – Abb. 1). Der Humus stellt sich als ein Gemisch dar, von zum Großteil ausgehöhlten Roteteilchen mit überwiegend zu losen Krümeln gefügtem Feinhumus. Die Pilzarmut kommt auch im Dünnschliff zum Ausdruck. Der Umstand, daß die ausgehöhlten Roteteilchen innen leer sind, also keinen Milbenkot enthalten, weist auf die im F-Horizont vorhergegangene lebhafte Pilztätigkeit hin. Ferner kann aus der, im freien Bodenraum festzustellenden, verhältnismäßig großen Zahl eiförmig-zylindrischer Feinhumusteilchen auf eine *starke Drosselung der koprophagen Weiterentwicklung des Humus* geschlossen werden. *Die Humusentwicklung ist demnach im Übergangsstadium vom Grobmoder zum Feinmoder steckengeblieben.*

Im *Staubpräparat* dieses Humus (Tafel VII – Abb. 2) findet die vorbeschriebene Eigenart pilzbeeinflußter Arthropodenhumusbildung des trockenen Typs weitere Bestätigung. Das Staubpräparat erweist sich auch in diesem Fall als ein wertvoller Indikator für Humusbestimmung. Es bestätigt die beachtliche Zahl eiförmig-zylindrischer Kotteilchen aller Nachdunkelungsgrade und damit das Bestehen einer Arthropodenhumusbildung. Das *reichliche Auftreten von Rotebruchstücken* beweist aber, daß die Arthropodenhumusbildung vorzeitig steckengeblieben ist. Man beachte ferner den geringeren Nachdunkelungsgrad und die Armut an nachgedunkelten, sekundär geformten Feinhumuskomplexen (koprophage Humusteilchen) gegenüber dem Zustandsbild beim Staubpräparat des Arthropodenfeinmoders (Tafel IV – Abb. 2), woraus auf starke Drosselung des koprophagen Einflusses geschlossen werden kann.

Für diese Humusbildung ist noch als charakteristisch hervorzuheben, daß die *humose Mineralbodenrinde*, also der A_1-Horizont, wie das Mikroauflichtbild (Tafel VIII – Abb. 3) zeigt, *äußerst pilzarm* ist. Pilzhyphen fehlen oder sie treten nur sporadisch auf. Im podsolierten Oberboden, der sich im wesentlichen nur mehr aus nacktem mineralischen Bodenskelett zusammensetzt, sind in den Hohlräumen in der Hauptsache Bruchstücke von Roteteilchen abgelagert. *Die Entwicklung eines Mull-*

humus- und Mullerdehorizontes fehlt. Der Humus besitzt im Gegenteil trockentorfartigen Charakter.

Die Einschränkung der Artropodenhumusbildung durch Pilze, die gedrosselte koprophage Humusentwicklung und die damit verbundene vorzeitige Unterbindung der Humusentwicklung zum Feinmoder bzw. zum Mull sind deutliche Kennzeichen für die pathologische Eigenart dieser Humusbildung.

Der *eumycetisch beeinflußte zoogene Humus trockenen Typs* ist ein großes Hindernis für die natürliche Verjüngung des Waldes und ein minderwertiger Nährboden für die Forstgewächse jeden Alters. Er wird in die *Degradationsstufe 2* eingeordnet und bildet die Ausgangsposition für extreme Pilzhumusbildung bzw. für Pilztrockentorfbildung.

Die geringe Eignung dieses Humus für die natürliche Verjüngung des Waldes drückt sich in eindrucksvoller Weise in der kümmerlichen Wurzelentwicklung forstlicher Jungpflanzen aus (Tafel XL – Abb. 1, Pflanzen 5 und 6).

b) Eumycetisch beeinflußte zoogene Humusbildung — feuchter Typ

Der *floristische Aspekt* dieser Standorte unterscheidet sich deutlich vom vorbesprochenen Fall durch das Hervortreten betont *hygrophiler* Pflanzen (Sphagnum, Frischgräser, Vaccinien u. dgl.), die sich im schütteren Verband auf der *verdichteten* Nadelstreudecke einstellen (Tafel VIII – Abb. 1). Aus dem Vegetationsbild geht demnach hervor, daß sich auf diesen Standorten, trotz Waldstreuverdichtung, bis in den Auflagehumus hinauf ein Bodenfrisch- bzw. Bodenfeuchtklima zu erhalten vermag.

Die *mikroskopischen Humusuntersuchungen* ergaben, nach Humushorizonten geordnet, folgendes Bild:

F-Horizont: Unter dem Auflichtmikroskop betrachtet (Tafel VIII – Abb. 4), erscheint der Humus als ein verhältnismäßig locker gelagertes Gemisch von mit Pilzhyphen stark umsponnenen Roteteilchen und von örtlichen Anhäufungen mäßig nachgedunkelter, zoogener Humuspartikelchen. Letztere sind *Zeugen für Arthropodentätigkeit.* Ferner fällt das Auftreten weißlicher, kugeliger, häufig gespaltener Gebilde auf, die als *Sporozysten von Myxomyceten* (Schleimpilzen) erkannt wurden. *Diese Gebilde sind, wie sich aus den folgenden Humusuntersuchungen herausgestellt hat, charakteristisch für alle Humusbildungen, die periodisch wiederkehrender Vernässung ausgesetzt sind.* Tafel VIII – Abb. 2 bringt einen *Scharfschnitt* durch eine ebenfalls zeitweilig vernäßte, aus Rotbuchenstreu hervorgegangene Humusrinde, die durch *Pilzhyphen stark verfilzt* und verdichtet ist. Das Vorkommen von *Sporozysten* bestätigt abermals periodisch auftretende Vernässung innerhalb dieser Humusschicht. Im *Querschnitt eines Roteteilchens* wurde eine Kaverne freigelegt, die leer und von weißem Zelluloserestgewebe umgeben ist. Beides läßt auf *Pilztätigkeit* schließen. Demgegenüber weist die im Mikrobild aufscheinende *Hornmilbe* auf eine gewisse *Arthropodentätigkeit.*

Die *Auflichtmikroskopie* bestätigt demnach ein *Nebeneinanderwirken von Pilzen und Arthropoden* sowie den *Einfluß von Vernässung*. Einen erweiterten, interessanten Einblick bringt das *Dünnschliffpräparat* unter dem Durchlichtmikroskop betrachtet (Tafel XXXII – Abb. 2). In einer Kaverne der stark ausgehöhlten Roteteilchen sind neben eiförmig-zylindrischen Milbenkotteilchen auch Pilzhyphen zu sehen. Andere Kavernen sind nur von Pilzhyphen durchzogen. Ein Beweis, daß die *Arthropoden in einem harten Kampf um Nahrung mit den Pilzen* stehen.

H_1-*Horizont:* Hier zeigt das Mikroauflichtbild (Tafel IX – Abb. 2) ein von *Pilzhyphen durchzogenes* Gemisch nachgedunkelten Feinhumus mit Rotesubstanz. Örtlich sind *Sporozysten von Myxomyceten und Protozoenzysten* vertreten. Tafel XXXIII – Abb. 1 bringt einen *Dünnschliff* dieses Humus. Man erkennt ein von *Pilzhyphen und Hyphensträngen dicht durchsetztes Gemisch reichlich vorhandener, stark nachgedunkelter Feinhumuskomplexe* und zum Großteil *ausgehöhlter Roteteilchen*. Die Feinhumussubstanz läßt nur mehr zum *geringen Teil die eiförmig-zylindrische Gestalt der Milbenkotteilchen* erkennen. Der Großteil des Humus hat *sekundäre Formen* angenommen, und zwar mit der Tendenz zur Krümelbildung. *Ein Beweis, daß die Arthropodenhumusbildung in diesem Raume das Feinmoderstadium erreicht hat.* Die Roteteilchen weisen zum Teil leere Kavernen auf, zum Teil sind in den Kavernen neben geringen Mengen an Milbenkot noch Pilzhyphen enthalten. *Es tritt demnach das Kampfstadium zwischen Arthropoden und Pilzen auch in diesem Humushorizont sichtbar in Erscheinung.*

H_2-*Horizont:* Dieser Humushorizont stellt sich, unter dem Auflichtmikroskop betrachtet (Tafel IX – Abb. 1), als eine *feinhumusreiche, dicht gelagerte und von mikroskopischen Pilzen außerordentlich reich durchsetzte Humusschicht* dar. *Sporozysten* sind auch hier vorhanden. *Diese verdichtete Humusschicht ist als die hauptsächlichste Ursache für das Auftreten von Vernässungserscheinungen in den aufliegenden Humushorizonten anzusehen.*

Das *Staubpräparat* dieses pilzbeeinflußten Arthropodenhumus frischer bis feuchter Standorte (Tafel IX – Abb. 4) setzt sich aus einem Gemisch von hauptsächlich stark nachgedunkelten, sekundären Feinhumuskrümeln, von *mengenmäßig zurücktretenden*, hellbraun bis schwarzbraun gefärbten eiförmig-zylindrischen Kotteilchen und von Bruchstücken zerteilter Roteteilchen zusammen. *Das Staubpräparat bestätigt damit Arthropodenhumusbildung, die bis zum Feinmoderstadium führt.* Die an den Staubteilchen häufig anhaftenden *Sporozysten von Schleimpilzen* geben Auskunft über das *Auftreten von Vernässungserscheinungen im Humusbereich*. Nicht zum Ausdruck kommt der große Pilzeinfluß bei dieser Humusbildung, weil die Bruchteilchen der Pilzhyphen, vermöge ihres geringen spezifischen Gewichtes, im Zuge der Staubpräparatherstellung zum großen Teil mit dem gröberen Material zur Abschüttelung gelangt. Ungeachtet dessen geht aus dem Vergleich dieses Staubpräparates mit jenem des *pilzbeeinflußten Arthropodenhumus trockener Standorte* (Tafel VII – Abb. 2) und des *natürlich-normalen Arthropodenhumus* (Tafel IV – Abb. 2) der grundsätzliche Unterschied zwischen den genannten Humusbildungen augenfällig hervor. Damit ist die große indikatorische Brauchbarkeit der Staubpräparate für das Ansprechen von Humusbildungen neuerlich bestätigt.

Die *mikroskopische Humusuntersuchung brachte demnach folgende Erkenntnisse über Entwicklung und Eigenart der eumycetisch beeinflußten Arthropodenhumusbildung des feuchten Typs:* Die Verfilzung und Verdichtung der Streudecke führt zu einer *lebhaften Pilzentwicklung im Humusbereich,* wobei es beim *untersten Humushorizont* zu einer besonders starken *Humusverdichtung durch mikroskopische Pilze* kommt. Diese Humusschicht ist als die hauptsächlichste Ursache für das Einsetzen *periodischer Vernässung im Humushorizont* zu betrachten. Ein sichtbares Zeichen für diese Vernässung ist das Auftreten von *Sporozysten der Myxomyceten,* die innerhalb des gesamten Humushorizontes zu beobachten sind. Es wurde weiters bildmäßig festgestellt, daß *zwischen Arthropoden und Pilzen ein Konkurrenzkampf um Nahrung besteht.* Innerhalb des F-Horizontes scheinen die Pilze im Vorteil zu sein, während in den unteren Humushorizonten (H_1- und H_2-Horizont) die Arthropodenhumusbildung sichtlich vorherrscht. Letztere führt bis in das *Arthropodenfeinmoderstadium.* Ungeachtet dessen *nimmt die Verpilzung des Humus und damit dessen Verdichtung von oben nach unten zu.* Dies verursacht eine *ungünstige Umstimmung innerhalb des Bodenklimas,* im besonderen bezüglich Sauerstoffzufuhr und Wasserführung. Damit sinkt der ökologische Wert des an sich guten Humus. Zu dem kommt, daß die übermäßige Humusverpilzung die Entwicklung von *Pseudomykorrhizen* an den Feinwurzeln der Forstgewächse auslöst. Diese parasitischen Pilzanhäufungen an den Wurzeln führen zum vorzeitigen Absterben derselben (Tafel XXXIII – Abb. 2). Sie erschweren bzw. verhindern die natürliche Verjüngung des Waldes. Weiters ist besonders hervorzuheben, daß die Umstimmung des Bodenklimas in der Richtung zur Vernässung sowie die zunehmende Versäuerung des Humus (ausgelöst durch den außergewöhnlich starken Pilzeinfluß) häufig die *Voraussetzung* für die Entwicklung von *Torfmoosdecken* und damit für das Einsetzen *pathologischer Fäulnishumusbildung* abgeben.

All dies bedeutet für das Gedeihen und für die Existenz des Waldes eine große Gefahr, die den *pathologischen Charakter* dieser eigenartigen, in standortswidrigen Wirtschaftswäldern häufig auftretenden Humusbildung genugsam bestätigt. Der feuchte Typ eumycetisch beeinflußter Humusbildung kennzeichnet sich demnach als eine *Vorstufe für pathologische Fäulnishumusbildung,* während der vorbesprochene trockene Typ *trockentorfartigen* Charakter aufweist.

3. Eumycetische (Pilz-) Humusbildung

Bei diesem Typus der Humusbildung beherrschen Pilze die Zersetzung des organischen Abfalls. Der Einfluß der Bodentiere auf die Humusbildung ist bedeutungslos, in extremen Fällen praktisch ausgeschaltet.

Die hauptsächliche Ursache für die Entwicklung dieses Humustyps
ist in dem Auftreten periodisch wiederkehrender, lang anhaltender,
starker Austrocknung des Auflagehumus und der angrenzenden Mineralbodenschicht zu suchen. Man begegnet daher dieser Humusbildung
besonders in trockenen Lagen niederschlagsarmer Gebiete auf Standorten
mit geringer Auswirkung des Niederschlagswassers als Sickerwasser.
Dichtgelagerte Waldstreudecken und unzureichender Schutz gegen
Sonnen- und Windeinfluß tragen zur Entwicklung dieser Humusbildung
im wesentlichen Maße bei. In diesem Sinne verfehlte wirtschaftliche
Maßnahmen führen zur Entwicklung *pathologischer Pilzhumusbildungen.*

Floristisch zeichnen sich diese Standortzustände durch flechtenreiche,
aufgelichtete Waldbestände kümmerlicher Entwicklung (Tafel X – Abb. 1)
mit einer ebenso flechtenreichen, betont xèrophilen niederen Vegetations-
decke von dürftig entwickelten Trockenmoosen, Zwergsträuchern und
Trockengräsern ab (Tafel X – Abb. 2 und Tafel XI – Abb. 2).

Für diesen Typus der Waldhumusbildung ist charakteristisch, daß
die organischen Abfallsubstanzen durch die daselbst vorherrschenden
Pilze unter Bildung organischer und anorganischer Säuren zur teilweisen
Auflösung gelangen. Als Rückstand verbleiben in der Hauptsache nur
die von den Pilzen schwer angreifbaren, ligninreichen Gewebe- und
Gewebeteile, die sich als dunkel-rötlichbraune, in ihrer Zellstruktur
zumeist noch gut erhaltene Reste ansammeln. Die Bildung echter Humusstoffe in Form guten Walddüngers fällt praktisch aus. Die übrigen aus
der Pilztätigkeit hervorgehenden Zerfallsprodukte werden zum Teil von
der Luft aufgenommen und zum Teil mit dem Bodenwasser abgeführt.
Der Umstand, daß es hauptsächlich zur Bildung organischer und anorganischer Säuren kommt, erklärt den durchwegs extrem sauren
Charakter des Pilzhumus.

Pilzhumus kann sich auf allen minerogenen und organogenen Unterlagen entwickeln, gleichgültig, ob diese als basisch, sauer oder intermediär
anzusprechen sind, vorausgesetzt, daß die Vorbedingungen für eine weitgehende Pilzhegemonie gegeben sind. So kann sich Pilzhumus auch auf
Kalkgestein, basischem Silikatgestein sowie auf Kalkmull, Salzmull und
auf jeder anderen Humusformation bilden. Bezüglich Auswirkung der
Unterlage auf den Absättigungsgrad des Pilzhumus ist hervorzuheben,
daß hier der Einfluß des Kalkes und sonstiger Basen verhältnismäßig
gering ist. Begründet scheint dies in dem Umstand zu sein, daß Pilzhumus
ausnahmslos von grober Struktur ist, weshalb die Steigwasserwirkung
gering bleibt. Dazu kommt noch die starke Drosselung des biogenen
Basenumlaufes bei Gegenwart von Pilzhumus und die bereits erwähnte
starke Säurebildung bei der Entwicklung dieses Humus.

Über die *biomorphologische Eigenart des Pilzhumus* gibt die *mikroskopische Humusuntersuchung* weitgehende Auskunft.

Im Mikroauflichtbild (Tafel XI – Abb. 1 und Tafel XXXIV – Abb. 1)
erscheinen die Roteteilchen von einem dichten Pilzgespinst derart umgeben, daß die Teilchen von außenher fast nicht wahrzunehmen sind.
Der Humus läßt sich zu Stücken abheben. Weil Schimmel- und Schlauch-

pilze vorherrschen, besitzt dieser Humus im *frischen* Zustand einen *intensiven Schimmelgeruch* oder einen anderen, undefinierbaren, *unangenehmen Geruch*.

Der *Scharfschnitt* durch einen Pilzhumus (Tafel XI – Abb. 4) läßt, unter dem Auflichtmikroskop betrachtet, erkennen, daß von dem Innengewebe der Roteteilchen, die von einem dichten Pilzgespinst umgeben sind, nur stark aufgelockerte, rotbraun gefärbte (ligninreiche) Reste zurückbleiben. An denselben kann die Zellstruktur in einem gewissen Maß noch erkannt werden. Die von Pilzen leicht löslichen, kohlehydrat- und eiweißhältigen Bestandteile der Abfallsubstanz sind bereits aufgezehrt. Der *Dünnschliff* eines Pilzhumusteilchens (Fichtennadel) läßt, unter dem Durchlichtmikroskop betrachtet (Tafel XXXIV – Abb. 2), die weitgehende Herauslösung des Innengewebes durch Pilze deutlich erkennen. Das Teilchen selbst ist von Pilzhyphen umsponnen. Die derart unter Pilzeinfluß entstandenen Aushöhlungen der Roteteilchen sind durchwegs leer oder teilweise noch von Pilzgespinsten ausgefüllt. Wesentlich ist, daß nachgedunkelte Arthropodenkotteilchen bzw. Arthropodenfraßkavernen fehlen. Der auf Tafel XI – Abb. 3 gebrachte *Scharfschnitt* zeigt jenen Fall, wo auch das Zelluloserestgewebe, das nach Herauslösung der Kohlehydrate und Eiweißsubstanzen übrig blieb, von den Pilzen angegriffen wird. In diesem Bild ist außerdem jener selten anzutreffende Fall festgehalten, wo sich ein Milbenfraß am Zelluloserestgewebe ergeben hat. Die weiße Farbe des Milbenkotes läßt schließen, daß derselbe fast ausschließlich aus mechanisch feinst zerteilter Zellulose besteht. Es ist jedenfalls sicher, daß keine wesentlichen Mengen koprogener echter Humusstoffe zur Entwicklung kamen. Ferner steht fest, daß eine Nachdunkelung dieser Exkremente nicht erfolgt ist. *Dies besagt, daß dieser Milbenkot bei diesen Gegebenheiten kein Ausgangsprodukt für die mikrobielle Weiterentwicklung zu gutem Humus abgibt. Der Milbentätigkeit kommt in diesem Fall keine humusbildende Bedeutung zu.*

Das *Hackpräparat* eines derart extremen Pilzhumus (Tafel XII – Abb. 2) bestätigt die vorhergehend festgestellte Eigenart der Pilzhumusbildung. Es besteht vorherrschend aus Bruchstücken aufgelockerter, rotbraun gefärbter (ligninreicher) Restgewebe mit noch deutlich erkennbarer morphologischer Struktur. Örtlich sind durchscheinend-hellgefärbte Bruchstücke von Zelluloserestgeweben und Pilzhyphen zu sehen. Hingegen fehlen die Merkmale für Humusfruchtbarkeit in Form nachgedunkelter, amorpher Feinhumussubstanz. Das Hackpräparat bestätigt demnach den außergewöhnlich geringen ernährungsphysiologischen Wert dieses Humus.

Der Pilzhumus dieses Entwicklungsstadiums wird vom Verfasser als „*Pilzmoder*" angesprochen und in der *Stufenreihe aerober Humusdegradation in die Stufe 3* eingereiht.

Einen sichtbaren Beweis für die äußerst geringe Fruchtbarkeit des Pilzmoders bringt noch die Tafel XXXVI – Abb. 1. Die daselbst abgebildete Fichte weist auf Grund Jahrringzählung ein Alter von 27 bis 30 Jahren auf. Sie erreichte nur eine Größe, die ungefähr einer 4- bis

5jährigen, normal erwachsenen Fichtenpflanze entspricht. Beim normalen Wuchsgang hätte diese Fichte die Größe eines Stangenholzes erreicht. Die Feinwurzeln dieser im Pilzmoder aufgewachsenen Pflanze sind mit parasitischen Pilzhyphenanhäufungen außerordentlich reich besetzt. Die Hauptwurzeln sind verhältnismäßig lang und äußerst gering verzweigt. Sie entsprechen dem Typus *peitschenartiger Hungerwurzeln*. Die bereits zum Großteil dürr gewordene Krone läßt auf ein baldiges Absterben dieser Pflanze schließen.

Werden normal entwickelte Fichtenbestände im Dickungs- oder Stangenholzalter von der Pilzhumusbildung erfaßt, dann treten bei den Fichten plötzliche, starke Wuchsstockungen auf, die zum vorzeitigen Absterben des Bestandes führen. Ein eindrucksvolles Beispiel hierfür ist im Schloßpark *Schönborn* (Niederösterreich) gegeben. Hier entwickelte sich unter Fichte im Dickungsalter der Forstkultur auf *kalkreichem, kolluvialem Regenwurmmullboden* eine zirka 15 cm mächtige, extreme Pilzmoderschicht (Tafel XXIV – Abb. 3), die sich auf den Fichtenbestand in katastrophaler Weise auswirkte.

Mit *vorgeschrittener Aufzehrung der von Pilzen angreifbaren Stoffe* setzt ein auffallender Rückgang in der Verpilzung ein. Damit zeichnet sich das *Übergangsstadium vom Pilzmoder zum Pilztrockentorf* ab. Der *Dünnschliff* auf Tafel XXXV – Abb. 1 bezieht sich auf dieses Entwicklungsstadium der Pilzhumusbildung. Im Durchlichtmikroskop erkennt man ausgehöhlte Roteteilchen und Bruchstücke derselben, die von Pilzhyphen nur mehr mäßig umsponnen sind. Die Hohlräume der Roteteilchen sind leer, ein Beweis für die vorhergegangene intensive Pilztätigkeit.

Mit *zunehmender Verdichtung der ligninreichen Restsubstanzen* tritt die Pilzhumusbildung in das Stadium des *Pilztrockentorfes* ein. Makroskopische Pilze treten nahezu völlig zurück. Sie werden vorerst von mikroskopischen Pilzen abgelöst. Tafel XII – Abb. 1 zeigt diesen Entwicklungszustand an einem Scharfschnittpräparat. Unter dem Auflichtmikroskop erkennt man torfartig verdichteten, rotbraun gefärbten (ligninreichen) Humus mit vielfach noch feststellbarer morphologischer Struktur und einem verhältnismäßig reichen Besatz an mikroskopischen Pilzen. Die Roteteilchen zeigen in den Querschnitten entweder völlig leere Hohlräume, oder sie weisen stark aufgelockerte ligninreiche Reste, örtlich auch weiße Zelluloserestgewebe, auf. Nachgedunkelte zoogene Feinhumuskomplexe fehlen.

Im *Schlußstadium* dieser Humusentwicklung verschwinden auch die mikroskopischen Pilze (Tafel XII – Abb. 4), wodurch der torfartige Zustand dieses Humus in eindrucksvoller Weise in Erscheinung tritt. Stark gehemmter bis teilweise unterbundener Verwesungsfortgang und ebensolcher Humusabbau geben diesem Humus den Charakter eines *Auflagetorfs*. Auf Tafel XXXVI – Abb. 2 wird der *Querschnitt eines Trockentorfteilchens* gezeigt (es handelt sich um ein Fichtenholzteilchen), dessen Innengewebe im Zuge der Pilzhumusbildung bis auf Zellulosereste zur Auflösung gelangte. Zum Teil wurden auch diese Reste von Pilzen angegriffen. Weil die so entstandenen Hohlräume keine Pilzhyphen mehr aufweisen, kann diese Entwicklung als abgeschlossen betrachtet werden. Damit ist ein weiterer Beweis für die *biologische Untätigkeit bei Pilztrockentorf* erbracht.

Das *Dünnschliffpräparat eines Pilztrockentorfs abgeschlossener Entwicklung* (Tafel XXXV – Abb. 2) bestätigt die Anhäufung ausgehöhlter Roteteilchen und deren Bruchstücke, den Ausfall zoogener Humusbildung sowohl in den Aushöhlungen der Roteteilchen als auch im freien Bodenraum und schließlich die Ausschaltung sowohl makroskopischer als auch mikroskopischer Pilze. Es ergibt sich daraus der Eindruck *vorhergegangener intensiver Pilztätigkeit* und *gegenwärtiger biologischer Untätigkeit*.

Schließlich bestätigt auch das *Hackpräparat eines in seiner Entwicklung abgeschlossenen Pilztrockentorfs* (Tafel XII – Abb. 3) die Anhäufung ligninreicher (rotbrauner) Restsubstanz, deren morphologische Struktur noch erkennbar ist. Daraus kann geschlossen werden, daß kein wesentlicher zoogener Einfluß vorausgegangen war. Bruchstücke von Zelluloserestsubstanz sind in nur unbedeutendem Maße vertreten, was auf eine sehr lebhafte, vorhergegangene Pilztätigkeit schließen läßt. Nachgedunkelte zoogene Humuskomplexe fehlen. Es kommen demnach die hauptsächlichen Merkmale für Pilztrockentorf auch im Hackpräparat zum Ausdruck. Damit ist die Eignung des Hackpräparates auch für das Ansprechen dieses Humus bestätigt.

Die Erkenntnis, daß der Pilztrockentorf in ökologischer Beziehung als der ungünstigste aerobe Humuszustand zu werten ist, veranlaßt, diesen Humus in die *4. Degradationsstufe* einzuordnen.

II. Anaerobe (Fäulnis-) Humusbildungen

E. EHWALD (56) beschreibt diesen Humus als „*feinhumusreichen und schmierigen Rohhumus*", der sich bei zeitweiser Vernässung der unteren Partien der Humusauflage und bei der damit in Zusammenhang stehenden reduktiven Phase, im Zuge der Huminstoffbildung entwickelt. F. SCHEFFER und B. ULRICH (60) sprechen vom „*Feuchtmull*". P. DUCHAUFOUR (60) verwendet in Anlehnung an LAFOND (52) die Bezeichnungen „*Hydromull*", „*hydromorpher Moder*" und „*Hydromor*", und zwar je nach Ausgangszustand des Humus vor Einsetzen der anaeroben Beeinflussung. Verfasser hat sich mit dieser Humusbildung, vom waldbautechnischen Gesichtspunkt aus, bereits 1927 auseinandergesetzt. Eine eingehendere Beschreibung dieses „Auflagenaßtorfs" folgte 1944. Es wurde schon damals hervorgehoben, daß der Zersetzungsgrad dieses Humus von jenem Verwesungszustand des organogenen Abfalls bestimmt wird, der bei Eintritt in die Vernässung bzw. Versumpfung gegeben war. Im Jahre 1952 schreibt der Verfasser über diese Humusbildung: „Das Wesentliche an der Entwicklung dieses Humus ist jedenfalls der Umstand, daß es sich um einen Vorgang in durchnäßter, sauerstoffarmer Umgebung handelt. Weil unter dieser Voraussetzung biochemische Vorgänge *anaerober* Art herrschend sind, bezeichnet Verfasser diese Waldhumusbildung als *anaerobe Humusbildung* oder *Fäulnishumusbildung*."

Über die Biologie dieser Fäulnisvorgänge sind wir noch sehr wenig unterrichtet. Man nimmt an, daß Fäulnisbakterien und Fäulnispilze im entscheidenden Maße beteiligt sind.

Die vorliegenden *mikroskopischen Humusuntersuchungen* haben, wie aus den folgenden Mikrobildern zu ersehen ist, aufgezeigt, daß hier *zwei unterschiedliche Fäulnisvorgänge* gegeben sind: 1. Die *zoogenen, überwiegend amorphen Humuskomplexe dunkeln in der anaeroben Einflußzone bis zum schwarzen Farbton nach.* Man spricht vom *kohligen Humus.* Es liegt demnach eine Art „*Schwarzfäule*" vor, die von außenher einsetzt. Weil bei mikroskopischer Betrachtung weder makroskopische noch mikroskopische Pilze, sowohl innerhalb als auch außerhalb der nachgedunkelten Humuskomplexe, in keinem auffallenden Maße aufscheinen, darf man vermuten, daß bei dieser Art Fäulnis den Bakterien ein entscheidender Einfluß zukommt. 2. *Ein grundsätzlich anderes Bild ergibt sich bei jenen organogenen Abfällen, die noch keiner zoogenen Verarbeitung ausgesetzt waren.* In diesen Roteteilchen vollzieht sich, und zwar von innenher, eine fortschreitende Herauslösung aller von Pilzen angreifbaren Bestandteile der Innengewebe. Als Rückstand verbleiben in der Hauptsache mehr oder weniger aufgelockerte, aber noch immer die morphologische Struktur verratende, ligninreiche Restgewebe, die sich im Mikrobild durch ihre betont rotbraune Farbe deutlich abzeichnen. Man begegnet in diesem Fall einem Vorgang, der sich im allgemeinen mit jenem bei rotfaulem Holz deckt. Man kann deshalb von einer Art *Rotfäule* sprechen, die, wie Mikrobilder vermuten lassen, in der Hauptsache auf Pilztätigkeit beruhen dürfte (hier ist ein dankenswertes Arbeitsfeld für mikrobiologische Untersuchungen gegeben).

Für die Erstellung von *Humusdiagnosen für Zwecke der forstlichen Praxis* reicht im allgemeinen die Feststellung dieser beiden Fäulnisvorgänge aus. Hier bewährte sich die *mikromorphologische Humusuntersuchung,* die gleichzeitig (wie früher aufgezeigt wurde) auch Auskunft gibt über Eigenart und Zustand jener aeroben Humusbildungsvorgänge, die im vorliegenden Fall der Humusfäulnis vorausgehen. Man bekommt auf diesem Weg ein ausreichendes Bild über den Gesamtvorgang dieser Humusbildungen.

Bei der Entwicklung von Fäulnishumus besteht ein Zusammenwirken von *aerober Humusbildung* (mit oder ohne bemerkenswertem Pilzeinfluß) einerseits und von *Schwarzfäule* und *Rotfäule* anderseits. Aus dem Kräfteverhältnis zwischen diesen drei Vorgängen ergeben sich folgende *charakteristische Fäulnishumusbildungen:*

1. *Schwarzfäulehumusbildung* (kohlig-schmieriger Fäulnishumus) bei vorherrschender Schwarzfäule,

2. *Kombinierte Fäulnishumusbildung* (kohlig-faseriger Fäulnishumus), wenn Schwarz- und Rotfäule in beachtenswertem Maß vertreten sind, und

3. *Rotfäulehumusbildung* (rotbrauner Fäulnishumus) bei vorherrschender Rotfäule.

1. Schwarzfäulehumusbildung (kohlig-schmieriger Fäulnishumus)

Dieser Humus entwickelt sich in Urwäldern und naturnahen bzw. standortsgerechten Wirtschaftswäldern auf wechselfeuchten bis nassen Standorten mit anaeroben Einfluß, der bis in den Auflagehumushorizont reicht. Es liegt demnach eine *natürlich-normale* Humusbildung vor, deren *aerob-zoogene Entwicklungsphase bis zum Mullzustand* führt. *In diesem Zustand wird der Humus von der Schwarzfäule erfaßt, wobei der anaerobe Einfluß von oben nach unten zunimmt. Dementsprechend weist die untere Schicht des H-Horizontes* (Humusstoffschicht) *einen sichtlich dunkleren Farbton auf* (braun-schwarz bis schwarz) *als der aufliegende Teil dieses Horizontes.*

Da es sich hier um Standorte mit Bodenwechselklima handelt, wobei periodisch wiederkehrende, mehr oder weniger lang andauernde Vernässung immer wieder mit Zeiten gemäßigter Feuchtigkeit, ja sogar mit Trockenperioden abwechselt, ergibt sich daraus auch eine entsprechende Abwandlung im biologischen Zustand des Humus. Es wechseln einander aerobe und anaerobe Perioden ab. Auf Zeiten zoogener Humusbildung folgen solche der Fäulnishumusbildung, wobei beide Vorgänge örtlich ineinander greifen.

Bakterien und Pilze reagieren auf diesen Bodenklimawechsel geradezu schlagartig. Die Bodenprotozoen (Einzelltierchen), die auf diesen Standorten in verhältnismäßig großen Mengen auftreten, bilden in Trockenzeiten eng geschlossene Kolonien, sogenannte Zysten, um diese kritische Zeit leichter zu überdauern. Mit Eintritt der Feuchtperiode setzt auch bei diesen Mikroben, nach Auflösung der Gemeinschaft in Zysten, plötzlich aktive Lebenstätigkeit ein. Die übrigen Kleintiere des Bodens (Mesofauna) sind zum Teil der Bodenvernässung angepaßt und zum Teil sind sie auf jene Zone des Humus bzw. Bodens angewiesen, die jeweils unter dem Einfluß des Luftsauerstoffs und genügender Durchfeuchtung, vor allem auch Luftfeuchtigkeit, steht. Letztgenannte Kategorie von Tieren wandert mit der oberen Grenzzone der Humus- bzw. Bodenvernässung auf und ab. Hier sind es vor allem bestimmte Arten von Milben und Springschwänzen, die diese Zonen beleben und die notwendigenfalls bis in den mineralischen Oberboden vordringen. Weiters kommen auf diesen Standorten Regenwürmer vor (W. Kühnelt – 50 bestätigte die Arten *Eiseniella tetraedra* und *Eisenia foetida*), die im Zuge der Wanderung Regenwurmgänge hinterlassen. Diese sind in bindigen Böden von entscheidender Bedeutung für das Wurzelleben und für die Lösungsbewegungen im Boden.

Auf diesen an sich kühlen Standorten entwickeln sich Mullhorizonte nur bei Vorhandensein *leicht verweslicher* Waldstreu. Baumarten mit schwer angreifbarem Abfall (im besonderen Fichte, Kiefer, Rotbuche u. dgl.) wirken, wenn sie in einem hohen Mischungsprozent oder als Reinbestände auftreten, ungünstig. Die aerobe Humusbildung bleibt dann in der Regel im Moderstadium stecken, wodurch es bestenfalls zur Entwicklung einer *kombinierten Fäulnishumusbildung*, in extremen Fällen zur *Rotfäulehumusbildung* kommt.

Unter den Nadelbaumarten erweist sich die *Tanne* am vorteilhaftesten (Tafel XIII – Abb. 1).

Der floristische Aspekt steht im Zeichen einer üppigen Sauerkleevegetation (Tafel XIII – Abb. 2), der noch andere nitrophile Schattenkräuter und Frischgräser zugesellt sein können, wobei der Anteil dieser Kräuter mit dem Mischungsgrade geeigneter Laubbaumarten im allgemeinen steigt und fällt. Der Sauerklee ist Anzeiger für lebhafte Arthropodenhumusbildung, während die Schattenkräuter und Gräser auf Regenwurmeinfluß schließen lassen.

Die *mikroskopische Humusuntersuchung* erbrachte folgende Ergebnisse: Auf Tafel XIV – Abb. 3 wird das Mikroauflichtbild einer Humusprobe gezeigt, die aus dem *oberen Teil der Humusstoffschicht* (H_1-Horizont) jenes Tannenbestandes stammt, der auf Tafel XIII abgebildet ist. Man erkennt einen zoogenen gut aufbereiteten, gekrümelten, dunkelbraun gefärbten Feinhumus, der mit *Sporozysten* von *Myxomyceten* außerordentlich reich besetzt ist. Dies läßt auf einen bereits starken Vernässungseinfluß schließen. Weiters verraten die hier beim Fraß überraschten *zwei Hornmilben* eine lebhafte Arthropodentätigkeit in diesem Humusraum. Hingegen fehlen Pilze. Aus diesem Mikrobild ergeben sich bereits wichtige Erkenntnisse über die Eigenart dieser Humusentwicklung (lebhafte zoogene Zwillingshumusbildung mit Entwicklung bis zum Mullstadium, starker Vernässungseinfluß, Schwarzfäule noch wenig entwickelt, Pilzeinfluß bedeutungslos). Tafel XV – Abb. 3 bringt ein Bild über den Humuszustand im *nach unten folgenden Teil der Humusstoffschicht (H_2-Horizont)*. Der in seiner Hauptmasse strukturlose Humus hat bereits eine *tiefschwarze Farbe* angenommen. Roteteilchen, die sich durch einen helleren Farbton abzeichnen, sind nur mehr vereinzelt vorhanden. *Protozoenzysten* und *Sporozysten von Myxomyceten* sind reichlich vertreten. *Makroskopische Pilze* fehlen. An einer Stelle des Mikrobildes sind einige *Hyphen mikroskopischer Pilze* erkennbar. Hellaufleuchtende, feinste, kantige Mineralsplitterchen und gröbere Mineralkomplexe weisen auf die *mischende und transportierende Tätigkeit der Regenwürmer* hin. Die hauptsächlichsten Unterschiede zwischen dem Humus des H_1-Horizontes und jenem des H_2-Horizontes bestehen in der *stärkeren Nachdunkelung des Humus im H_2-Horizont als Folge fortgeschrittener Schwarzfäule*, ferner in dem zahlreicheren Vorkommen von Mineralsplitterchen im Feinhumus des H_2-Horizontes als Zeichen lebhafterer Regenwurmtätigkeit und schließlich in dem daselbst *häufigeren Aufscheinen von Protozoenzysten*.

Das *Dünnschliffpräparat* eines Schwarzfäulemulls (Tafel XV – Abb. 4) unter dem Durchlichtmikroskop betrachtet, zeigt diesen Humus als eine dichtgeschlämmte, amorphe (strukturlose) Masse, in der feinste, hellaufleuchtende Mineralsplitterchen und gröbere, kantige Mineralteilchen in großer Zahl eingebettet sind (an diesem Mineralskelett ist das schiefrige Gefüge des Ausgangsminerals deutlich erkennbar). Der Dünnschliff dieses Humus läßt den Charakter eines aufgeschlämmten Regenwurmmulls erkennen und bestätigt somit das Vorwalten einer *Regenwurmhumusbildung*.

Tafel XV – Abb. 1 bringt ein *Staubpräparat eines schmierigen Schwarzfäulehumus* (dem H_2-Horizont entnommen). Die staubfeinen, verschiedenst geformten Bruchstücke (die mit unbewaffnetem Auge in ihrer Gestalt nicht mehr erkannt werden können) erscheinen durchwegs als kohligschwarze, amorphe Humusteilchen, in denen feinste Mineralsplitterchen großer Zahl eingebettet sind. Man sieht häufig Sporozysten von Myxomyceten, die den Humusbruchstücken anhaften. Rötlichbraune Bruchstücke rotfauler Substanz sind, bei aufmerksamer Betrachtung des Mikrobildes, nur vereinzelt zu sehen. Diese treten mengenmäßig auf ein verschwindendes Maß zurück. Damit ist der Nachweis erbracht, daß in diesem Fall ein *kohlig-schmieriger Schwarzfäulehumus* vorliegt. Im übrigen bestätigt sich auch bei diesem Staubpräparat, daß die Eigenart der untersuchten Humusbildung auf diesem Wege in ausgezeichneter Weise zum Ausdruck kommt.

Dem *kohlig-schmierigen Fäulnishumus* fehlt im allgemeinen sowohl jeglicher Pilzgeruch als auch der dem Regenwurmmull eigene Geruch nach guter Gartenerde. Im feucht-nassen Zustand besitzt dieser Humus einen schlammig-tintigen Geruch. Im frischen bis trockenen Zustand ist er geruchlos. Ein weiteres Merkmal dieses Humus besteht darin, daß er im feuchten bis nassen Zustand schmierig ist, im trockenen Zustand torfartig verhärtet, stark schwindet und Risse bildet (Tafel XXIV – Abb. 2).

Der Reichtum dieses Humus an organogenen Nährstoffträgern (kolloidale Humuskomplexe) verleiht demselben, bei richtiger Lenkung des Wasserhaushaltes und gutem biogenen Basenumlauf bzw. Nährstoffumlauf, einen großen ernährungsphysiologischen Wert. Beide Voraussetzungen können auf physiologischem Wege durch richtige Baumartenwahl, durch Schaffung und Erhaltung einer intensiven und tiefgreifenden Bodendurchwurzelung sowie durch Erziehung eines stark transpirierenden Kronendaches erreicht werden.

Ein derart standortsgerecht zusammengesetzter und aufgebauter Wald begünstigt auf diesen Örtlichkeiten die Unterbrechung der hochanstehenden Bodenvernässung. Er führt damit zum ständigen Wechsel zwischen aerob-zoogener und anaerober Humusbildung. Dieses Zusammenspiel bedingt die Entwicklung eines biologisch gut verarbeiteten und ökologisch wertvollen, kohligen Humus. Bei Laubstreu, im besonderen solcher von Eichen, Edelkastanien, Birken, Aspen, Erlen und Weiden, erreicht die zoogene Humusbildung (durch Begünstigung der Lumbricidenhumusbildung) ein standörtliches Höchstmaß. Gleichzeitig wird der biogene Nährstoffumlauf und die biologische Nährstoffakkumulation gefördert. Die Regenwurmtätigkeit führt zur biologischen Bearbeitung des Oberbodens und zur Einmischung von Mullhumus in denselben. Damit ist auf diesen eigenartigen Waldstandorten der Zustand *standörtlich optimaler Fruchtbarkeit* erreicht.

Bei diesem Humustyp von einem „Rohhumus versumpfter bzw. nasser Standorte" zu sprechen, erscheint demnach verfehlt. Wohl zeigen diese Standorte eine große Empfindlichkeit gegen jede Verschlechterung des Waldbodenklimas, die sich im besonderen in der Förderung der Vernässung und in einer Begünstigung der anaeroben Phasen gegenüber der aeroben Phasen auswirkt.

Daraus ergibt sich, daß die Kenntnis der biologischen Eigenart und des charakteristischen, außergewöhnlichen Entwicklungsganges dieser normal-natürlichen Humusbildung von entscheidender Bedeutung ist für die richtige Bewirtschaftung dieser eigenartigen Waldstandorte. In diesem Zusammenhang ist hervorzuheben, daß sich die standortsgemäßen Forstgewächse den hier gegebenen, eigenartigen Verhältnissen im Boden durch Ausformung *charakteristischer Wurzeltypen* anzupassen vermögen (F. HARTMANN – 34, 52). *Fichten* entwickeln den Hauptteil ihrer Ernährungs- und Atmungswurzeln in jenem Humushorizont, der vor Vernässung durch sauerstoffarmes Wasser im Durchschnitt verschont bleibt und in ständiger Berührung mit dem Sauerstoff der Luft steht. Die Fichte wird damit zur extremen Flachwurzeligkeit gezwungen (Tellerwurzelbildung). Die Baumarten *Rotbuche* und *Tanne* bilden von Jugend an zwei Wurzelkomplexe, und zwar einen flachstreichenden Wurzelkomplex vornehmlich im Auflagehumushorizont und einen Tiefwurzelkomplex im Mineralboden. Es zeigt sich also, daß der Wert des Schwarzfäulehumus als Nährboden und Keimbett des Waldes auch vom Gesichtspunkt der *standortsgemäßen Wurzelhorizontverteilung der Baumarten* zu beurteilen ist. Eine richtige Auswertung dieses Waldhumus kann demnach nur erreicht werden, wenn die Forstwirtschaft den hier aufscheinenden Gesetzmäßigkeiten Rechnung trägt (F. HARTMANN – 34).

Je nach dem *Kalk- bzw. Basengehalt* des zur Humusvernässung führenden *sauerstoffarmen* Bodenwassers (das als hochanstehendes Grund-, Stau-, Infiltrationswasser, oder als Oberflächen- bzw. Hang- oder Quellwasser auftreten kann) und je nach dem *Umfang des biogenen Basenumlaufes* kann es zur Entwicklung *kalkhältigen, milden* oder *sauren Schwarzfäulehumus* kommen. Diesen Humusbildungen begegnet man auf verschiedensten Gesteins- und Bodenformationen, sofern sauerstoffarmes Wasser im ausreichenden Maße wirksam ist.

Wirtschaftsbedingte Drosselung der zoogenen Zwillingshumusbildung durch standortswidrige Waldbestandszusammensetzung nach Baumart bzw. Baumartenmischung, durch unrichtige Kulturmethode bei der Verjüngung des Waldes und durch standörtlich verfehlte Bestandspflege und Bestandserziehung (siehe F. HARTMANN – 34) führt über die Entwicklung *mäßig-faserigen Fäulnishumus* als *1. Degradationsstufe* zum *stark-faserigen Fäulnishumus* als *2. Degradationsstufe* und bei weiterer Degradationsentwicklung zum *rotbraunen Fäulnishumus* als *3. Degradationsstufe,* die schließlich im extremen Fall im *Sphagnumhumus* als *4. Degradationsstufe* feuchter Richtung enden kann. Die Eigenart dieser Degradationserscheinungen wird im folgenden näher besprochen.

2. Kombinierte Fäulnishumusbidung (kohlig-faseriger Fäulnishumus)

Diesem Humustyp begegnet man, wenn neben der *Schwarzfäule* auch die *Rotfäule* in beachtenswertem Maße in Erscheinung tritt. Voraussetzung dafür ist eine gedrosselte oder eine vorzeitig unterbundene aerob-zoogene Humusbildung, die einen mehr oder weniger großen Rückstand an zoogen nicht oder unvollkommen aufbereiteter, organischer Abfall-substanz hinterläßt. Dies trifft zu, wenn die zoogene Humusbildung in einem Moderstadium stecken bleibt bzw. in diesem Stadium von der Fäulnis vorzeitig überrascht wird. In diesen Fällen unterliegen die zoogenen Feinhumuskomplexe, soweit sich dieselben im freien Raum befinden, also nicht in Kavernen eingekapselt sind, der Schwarzfäule, während die zoogen nicht oder nur unvollkommen aufgearbeiteten Abfälle, also die Rotesubstanz, in ihrem Inneren von der Rotfäule und in ihrer Rindenschicht von der Schwarzfäule erfaßt werden. Über diese eigenartige Humusbildung wurde, soweit dem Verfasser bekannt ist, bisher in der Literatur noch nicht berichtet.

Die Voraussetzungen für diese Humusbildung sind im besonderen Maße gegeben in Waldbeständen mit Produktion vornehmlich harter Waldstreu (wie in Fichten- und Kiefernbeständen) auf feucht-nassen, stark anaerob beeinflußten Standorten (Tafel XIV – Abb. 1). Der floristische Aspekt weist, neben Oxalis (Sauerklee) in der Regel ein bereits stärkeres Auftreten von Vaccinium myrtillus (Heidelbeere) und Vertretern des sauren Feuchtmoostyps sowie saurer Gräser auf (Tafel XIV – Abb. 2).

Tafel XV – Abb. 2 bringt das Mikroauflichtbild eines kohlig-faserigen Fäulnishumus aus dem Grenzbereich zwischen aerober und anaerober Einflußzone des H-Horizontes. Man erkennt ein stark nachgedunkeltes, kohlig-schwarzes Gemisch zoogener Feinhumuskomplexe als Grund-substanz mit Roteteilchen, die ihre ursprüngliche Gestalt bzw. morpho-logische Struktur noch gut erkennen lassen. Man sieht ferner eine *Myriapode* (Tausendfüßler) und eine *Acari* (Milbe) beim Fraße, als Beweis für das Vorwalten zoogener Humusbildung. *Sporozysten* von Schleimpilzen, die reichlich vorhanden sind, bestätigen das Auftreten von Humusvernässung. *Makroskopische Pilze* fehlen. *Mikroskopische Pilze* treten nur sporadisch in Form feinster Pilzhyphen auf. Das Mikro-bild dieses Humus stimmt demnach mit jenem des kohlig-schmierigen Fäulnishumus im Prinzip überein; es fällt nur das verhältnismäßig stärkere Vorkommen an Rotesubstanz auf. Der auf Tafel XVI – Abb. 3 dargestellte kohlig-faserige Fäulnishumus bestätigt die vorhergehend aufgezeigte Eigenart dieser Humusbildung. Ungefähr in der Bildmitte ist ein kugeliges Gebilde zu sehen, das im Fäulnishumus öfter anzutreffen ist und das als ein *steriles, pseudoparenchymatisches Stroma* erkannt wurde. Die diagnostische Bedeutung dieses Gebildes ist noch nicht geklärt. Tafel XVI – Abb. 4 zeigt den *Scharfschnitt durch einen kohlig-faserigen Fäulnishumus*, unter dem Auflichtmikroskop betrachtet. Das in den *Querschnitten der Roteteilchen* freigelegte, ligninreiche Restgewebe hebt sich in seiner auffallend rotbraunen Farbe von dem Schwarz der aus zoogenem Fäulnishumus bestehenden Grundsubstanz deutlich ab (auf die morphologische Eigenart der Rotfäuleteilchen wird bei der Besprechung der Rotfäulehumusbildung noch näher eingegangen werden). Die *Schwarz-*

fäulehumuskomplexe sind an der kohligen Farbe und an dem Reichtum an Sporozysten der Myxomyceten leicht zu erkennen. Das Scharfschnitt-präparat läßt demnach diese Humusbildung als eine *Kombination von Schwarzfäule- und Rotfäule-Humusbildung* eindeutig erkennen. Aus der mullartigen Struktur der Schwarzfäulehumuskomplexe kann die weit-gehende Entwicklung der vorausgegangenen aerob-zoogenen Humus-bildung abgelesen werden.

Im Humusprofil (Tafel XXIV – Abb. 2) unterscheidet sich der *kohlig-faserige Fäulnishumus* vom *kohlig-schmierigen* durch einen verhältnismäßig mächtigeren Auflagemoderhorizont, durch einen mehr braunschwarzen Farbton (bedingt durch die reichliche Beimischung feinster rotbrauner Roteteilchen) und durch eine geringere Neigung zur Rissigkeit als Folge der beigemischten Roteteilchen, die dem Humusgemisch eine faserige Struktur verleihen und damit eine größere Widerstandsfähigkeit gegen Bildung von Rissen und Sprüngen geben.

Es bedarf keines weiteren Beweises, daß der *ökologische Wert des kohlig-faserigen Fäulnishumus* mit dessen Gehalt an zoogenen Feinhumus-komplexen und damit an organogenen Nährstoffträgern steigt und fällt. Dementsprechend wird (bei *wirtschaftsbedingter Entwicklung*) eine *kombi-nierte Fäulnishumusbildung mit vorherrschender Schwarzfäule als I. Stufe* und *mit vorherrschender Rotfäule als II. Stufe in der Humusdegradation feucht-nassen Typs* angesprochen.

3. Rotfäulehumusbildung (rotbrauner Fäulnishumus)

Diese Fäulnishumusbildung setzt eine weitgehende Ausschaltung der Schwarzfäule voraus. Die Vorbedingung dafür ist eine entsprechend *starke Drosselung der aerob-zoogenen Humusbildung.* Denn diese Drosselung führt zu einem Mangel an Feinhumuskomplexen, die (wie bereits früher aufgezeigt wurde) als das wesentliche Ausgangsmaterial für Schwarzfäule erkannt sind.

Eine derartige Drosselung der zoogenen Humusbildung kann im allgemeinen auf zweifache Weise ausgelöst werden: 1. durch *dichte Moos-bzw. Streudecken,* die eine ausreichende Humusdurchlüftung verhindern und Anlaß zur Verschimmelung der Vermoderungsschicht geben (Tafel IX – Abb. 3), was zur Ausschaltung bzw. weitgehenden Drosselung der Arthropoden- und Lumbricidentätigkeit führen kann, und 2. durch *Humusvernässung, die bis in die Vermoderungszone reicht,* wodurch für die aerobe Humusbildung kein Raum verbleibt bzw. dieselbe auf ein belangloses Maß eingeschränkt wird.

Man begegnet der *Rotfäulehumusbildung* dementsprechend vor allem auf feucht-nassen Standorten in vaccinien- und moosreichen Mischwäldern von vornehmlich Kiefern, Birken, Aspen und anderen auf diesen Stand-orten auftretenden Baumarten und Sträuchern (Tafel XVII – Abb. 1). Die niedere lebende Waldbodendecke steht im Zeichen des Vaccinien-

Feuchtmoostyps mit mehr oder weniger Sphagnumnestern (Tafel XVII –
Abb. 2).

Über die *biomorphologische Eigenart* dieser Fäulnishumusbildung geben
die nachfolgenden *Mikrobilder* Auskunft:

Tafel XVIII – Abb. 3 bringt ein Roteteilchen eines rotbraunen
Fäulnishumus im Mikroauflichtbild. Die Rindenschicht ist in Auswirkung
der von außenher vordringenden Schwarzfäule kohlig-schwarz, lackartig
glänzend und örtlich mit Sporozysten der Myxomyceten besetzt. Das
Innengewebe wurde durch Rotfäule bis auf stark aufgelockerte, ligninreiche, daher rotbraune Reste herausgelöst. Tafel XVIII – Abb. 4 zeigt
ein *Scharfschnittpräparat* an Bruchstücken rotbraunen Fäulnishumus.
Im Inneren des durchschnittenen Roteteilchens erkennt man aufgelockertes, ligninreiches (rotbraunes) Restgewebe. Andere Roteteilchen
zeigen die kohlig-schwarze Rindenschicht, die mit *Sporozysten* von
Schleimpilzen und mit dunkelfarbenen Pilzhyphen mäßig besetzt ist.
Die im Bilde sichtbare Hornmilbe ist ein Beweis für Milbentätigkeit.
Auf Tafel XVIII – Abb. 1 ist ein bloßgelegter Milbenkavernenfraß am
ligninreichen Restgewebe eines rotfaulen Roteteilchens zu sehen. Die
zahlreichen Kotteilchen sind durchwegs von gleicher Farbe wie das als
Nahrung aufgenommene ligninreiche Substrat. Es hat also weder im
Tierdarm noch im Exkrement eine Nachdunkelung stattgefunden. Dies
läßt den Schluß auf weitgehende Ausschaltung der Entwicklung echter
Humusstoffe zu. Damit ist erwiesen, daß diesem Milbenfraß bzw. diesem
Milbenkot praktisch keine ökologische Bedeutung zukommt. Diese
Feststellung ist entscheidend für die Beurteilung des ökologischen Wertes
der Rotfäulehumusbildung. Örtlich sind noch einige kleine Bruchstücke
der kohlig-schwarzen, lackartig-glänzenden Rindenschicht vorhanden.
Tafel XVIII – Abb. 2 bringt das Mikroauflichtbild eines Scharfschnittes,
der quer durch ein von Rotfäule erfaßtes Roteteilchen geführt wurde.
Es zeigt sich, daß die ligninreiche Rindenschicht erhalten blieb, während
das ligninarme Innengewebe bereits bis auf Reste weißlichen, wabenartigen Zelluloserestgewebes zur Auflösung gelangte. Das Vorhandensein
dieser Reste und die im Bilde feststellbare Gegenwart von Pilzhyphen läßt
den Schluß zu, daß der Rotfäuleprozeß noch nicht völlig zum Abschluß
gekommen ist. Ungeachtet dessen sind, wie die eiförmig-zylindrischen
Exkremente zeigen, größere und kleinere Milben in die Pilzkavernen
eingedrungen. Aus dem Milbenfraß, der an dem Zelluloserestgewebe
erfolgt ist, sind weißliche, zellulosereiche Exkremente, aus dem Fraß am
ligninreichen Rindengewebe rotbraune, ligninreiche Exkremente und aus
dem Fraß an beiden Gewebeteilen weiß-rot gefleckte Losungen hervorgegangen. In keinem Fall trat eine Nachdunkelung der Exkremente
gegenüber dem Farbton des als Nahrung aufgenommenen Substrats ein.
Ein neuerlicher Beweis sowohl für die *ökologische Bedeutungslosigkeit
dieses Milbenfraßes* als auch für die *Unfruchtbarkeit des rotbraunen
Fäulnishumus.*

Diese aus *Scharfschnittpräparaten* im Wege der *Auflichtmikroskopie*
gewonnenen Erkenntnisse über die Eigenart dieses Humus finden weitere,

uneingeschränkte Bestätigung durch *Hack- und Staubpräparate:* Tafel XIX
– Abb. 3 bringt ein *Hackpräparat* eines rotbraunen Fäulnishumus. Unter
dem Auflichtmikroskop sieht man ausnahmslos Bruchstücke rotbrauner,
daher ligninreicher Restsubstanz; an einzelnen dieser Bruchstücke haften
Reste kohlig-schwarzer Rindenschicht an. Pilze fehlen. Das auf Tafel XIX
– Abb. 4 dargestellte *Staubpräparat* desselben Humus vervollständigt
dieses Bild durch das Aufscheinen rotbrauner, also nicht nachgedunkelter,
eiförmig-zylindrischer Milbenexkremente, die in beachtlicher Menge neben
staubfeinen Bruchstücken ligninreicher Restsubstanz auftreten. Nachgedunkelter zoogener Feinhumus fehlt. Vereinzelt auftretende dunkelfarbige Staubteilchen oder Exkremente entstammen der kohlig-schwarzen
Rindenschicht bzw. einem Fraße an dieser Schicht. Es handelt sich
um keine sekundäre Nachdunkelung der Exkremente. Es decken sich
demnach die Ergebnisse aus *Hack- und Staubpräparaten* in vollkommener
Weise mit jenen aus *Scharfschnittpräparaten.*

Zur weiteren Überprüfung dieser Ergebnisse dient das auf Tafel XIX –
Abb. 1 dargestellte *Dünnschliffpräparat* eines rotbraunen Fäulnishumus.
Unter dem Durchlichtmikroskop betrachtet, erkennt man 1. die auffallende Nachdunkelung der Rindenschicht der Roteteilchen als Folge
der Schwarzfäule, 2. die Auflösung des Innengewebes bis auf ligninreiche,
aufgelockerte Reste (welche die Zellstruktur noch erkennen lassen) als
das Ergebnis der Rotfäule, 3. das Auftreten von Milbenkavernenfraß im
ligninreichen Restgewebe, und zwar ohne Nachdunkelungserscheinung
bei den Milbenexkrementen und 4. das Fehlen jeglicher nachgedunkelter,
zoogener Feinhumussubstanz. Damit decken sich die Resultate der
Humus-Durchlichtmikroskopie vollkommen mit jenem der Humus-
Auflichtmikroskopie.

Die *Ergebnisse der Humusmikroskopie bezüglich der Rotfäulehumusbildung gipfeln in folgenden Feststellungen und Schlußfolgerungen:* Die
Humusentwicklung beruht (mengenmäßig weitaus überwiegend) auf der
Rotfäule der Innengewebe organischen Abfalls. Die *Schwarzfäule* beschränkt
sich auf die *Rindengewebe,* die (bei weitgehender Erhaltung ihres morphologischen Aufbaues) von außenher einer kohligen Nachdunkelung unterliegen. Die *aerob-zoogene Humusbildung* ist auf ein belangloses Maß
zurückgedrängt. Es fehlt damit die Voraussetzung für die Entwicklung
kohlig-schwarzen Feinhumus. Jedoch ist eine *beachtliche Arthropodentätigkeit* festzustellen, die sich in der Hauptsache auf die *mechanische
Zerkleinerung der ligninreichen Restgewebe beschränkt und nur im un-
bedeutenden Ausmaß auf das kohlig-schwarze Rindengewebe und in Ausnahms-
fällen auch auf das Zelluloserestgewebe übergreift.* In erst- und letzt-
genanntem Fall kommt es zu keiner Nachdunkelung der Milbenexkremente.
Dies zeigt auf, daß eine Entwicklung echter Humusstoffe unterbleibt.
Lumbricidentätigkeit konnte nicht festgestellt werden. Eine beherrschende
Tätigkeit *aerober Pilze* beschränkt sich auf die oberste Humusschicht
des vornehmlich aeroben Bereiches, sofern dieser gegen ausreichende
Luftzufuhr abgeschirmt ist und es damit zur Verschimmelung des kohle-
hydrat- und eiweißhältigen Abfalls kommt.

Aus dieser *biomorphologischen Eigenart dieses Humus zeichnet sich,
mit Hinblick auf den ausgesprochenen Mangel organischer Nährstoffträger
sowie auf die torfartige Verdichtung dieses Humus und auf den hoch-
reichenden anaeroben Einfluß, das Bild ökologischer Minderwertigkeit* ab.

Dazu kommt noch, daß dieser Humustyp seinen ungünstigen Einfluß auch auf die nach unten folgende Mineralbodenrinde ausdehnt.
Das Mikroauflichtbild dieses Horizontes (Tafel XIX – Abb. 2) läßt ein
Gemisch von Mineralkörnchen und Splitterchen mit reichlich einge-
schlämmten Bruchstücken torfiger Substanz erkennen, die örtlich mit
Sporozysten der Schleimpilze besetzt ist. Ein Ansatz für eine mullerde-
artige Entwicklung fehlt. *Es sind keine Anzeichen für die Entwicklung
eines fruchtbaren Bodenzustandes gegeben.*

Außerdem ist zu beachten, daß sich auf rotbraunem Fäulnishumus
häufig *Sphagnumhumus als letzte Degradationsstufe entwickelt* (Tafel XXIV
– Abb. 1).

Aus allen vorgenannten Gründen erscheint es demnach berechtigt,
die *Rotfäulehumusbildung in die 3. Humusdegradationsstufe feucht-nassen
Typs einzureihen.*

Auf Tafel XXIV – Abb. 2 werden *charakteristische Humusprofile* der
vorhergehend besprochenen *drei Subtypen* anaerober Humusbildung
gegenübergestellt. Das *Profil des Rotfäulehumus* unterscheidet sich
sichtlich von den Profilen des *Schwarzfäulehumus* und des *kombinierten
Fäulnishumus* durch die auffallend rötlich-braune Farbe der torfartig
verdichteten, die morphologische Struktur noch gut verratenden Humussubstanz, die von peitschenartigen Hungerwurzeln durchzogen und mit
gröberem, verholztem Abfall durchsetzt ist. Bemerkenswert ist auch
die auffallende Verpilzung (Verschimmelung) des obersten Humushorizontes (Vermoderungsschicht), die, im Sinne früherer Darlegung, als
eine unmittelbare Ursache für die Entwicklung dieses extremen Fäulnishumus anzusehen ist.

III. Abiologische Waldhumusbildung
(Sphagnum-Waldhumusbildung)

Im Rahmen der Vereinbarung von *Eisenach* (1904 — gemeinsame
Beratung von Forstmännern, Geologen und Botanikern) hat man diesen
,,Waldhumus" als *Bleichmoostorf oder Sphagnumtorf* bezeichnet. Leider
ist man in der Folge von diesem *Waldhumusbegriff* abgegangen und
beschränkte das Vorkommen des Sphagnumhumus auf dessen *semiterrestrische* Bildung als ,,*Hochmoortorf*" (W. KUBIENA – 53). Man übersah
damit die im Zeichen üppiger Sphagnumvegetation stehende *terrestrische
Waldhumusbildung* dieser Art. Dadurch entstand eine Lücke innerhalb
der Waldhumustypen. So sprechen F. SCHEFFER und B. ULRICH (60)

nur mehr von einer *semiterrestrischen Sphagnumhumusbildung,* die als „*Weißtorf*" der jüngsten Schicht der *Hochmoorformation* angehört. Demgegenüber hat Verfasser bereits 1952 in seiner „Forstökologie", gelegentlich der Besprechung der „*abiologischen Waldhumusbildung*", auf die Existenz einer *Sphagnum-Waldnaßtorfbildung* hingewiesen. Diese beherrscht in extrem-humiden Waldgebieten temperaturgemäßigter bis kühler Standortsbereiche *bedeutende* Flächen, also Waldflächen, die mit der geologischen Formation bzw. mit dem Bodentyp „*Hochmoor*" nichts zu tun haben. Es liegen überwiegend *pathologische Waldhumusbildungen absolut terrestrischer Art* vor. Das Kriterium für semiterrestrische Humusbildungen, wonach der organische Abfall wenigstens teilweise von Wassertieren verarbeitet wird, fehlt beim *Sphagnum-Waldhumus,* wie die nachfolgenden *biomorphologischen Untersuchungen* bestätigen.

P. DUCHAUFOUR (56) spricht vom *Tourbe à Sphagnum* als einem *speziellen Humustyp* und beschreibt diesen als „abiologique" mit Sphagnum als charakteristische Vegetation. Dazu ist hervorzuheben, daß sich der Begriff „*abiologisch*", wie nachfolgend bestätigt wird, auf den *Sphagnumabfall beschränkt.* Der Umstand, daß einerseits die Torfmoose den weitaus größten Anteil an organischem Abfall liefern und daß anderseits die *verweslichen* Abfälle, also jene der Baumformation, der Zwergsträucher, Kräuter, Gräser und besserer Moosarten, auf ein praktisch belangloses Maß zurücktreten, läßt es berechtigt erscheinen, in diesem Fall von einer *abiologischen Waldhumusbildung terrestrischer Art* zu sprechen.

Der *floristische Aspekt* dieser Standorte steht im Zeichen einer *üppigen Sphagnumvegetation,* die von Vertretern des *azidiphilen* (sauren), *moosreichen Zwergstrauchtyps* (Tafel XXI – Abb. 3) mehr oder weniger durchsetzt sein kann.

Die *Torfmoose* weisen nur in *ihrem lebenden Teil,* also in ihrer grünen Schicht, einen bemerkenswerten Gehalt an Basen und Phosphorsäure auf. Diese Nährstoffe bleiben aber weitaus überwiegend im biogenen Nährstoffumlauf des Mooses eingeschlossen (F. HARTMANN – 52).

Der *abgestorbene Teil der Moose* ist demnach äußerst arm sowohl an vorgenannten Nährstoffen als auch an Kohlehydraten und Eiweiß. Die *Torfmoosabfallsubstanz* bildet aus diesem Grund einen nur äußerst mageren Nährboden für die Bodenorganismen. Wie Tafel XXI – Abb. 2 aufzeigt, entwickelt sich hier eine im allgemeinen nur *dürftige Pilzvegetation,* die dem Moosabfall die geringen pilzlöslichen Substanzen entzieht. Die Zelluloserestgewebe der Torfmoose werden von *Milben und anderen Arthropoden* nur selten angegriffen. Die dabei abgelagerten Kotteilchen sind weiß gefärbt und dunkeln nicht nach (Tafel XL – Abb. 2). *Ein Beweis, daß der Sphagnumabfall, trotz Milbenfraß, kein Substrat für gute Humusbildung abgibt.* E. EHWALD (56) bezeichnet die abgestorbenen Reste des Torfmooses, unter Berufung auf S. A. WAKSMAN und E. R. PURVIS (32) und auf E. KOX (54), als *extrem nährstoffarm* und *schwer zersetzlich.*

Verwesliche Bestandsabfälle sind im allgemeinen nur sporadisch und meist in Form kleiner Paketchen beigemischt. Diese spärlichen Abfallsubstanzen sind die einzigen Ausgangsstellen für die Entwicklung eines äußerst bescheidenen Bodenlebens. Es sind vor allem gewisse Arten von *Milben* und *Springschwänzen,* die nach dieser Kost greifen. *Regenwürmer* fehlen oder sie treten im nur belanglosen Maße auf.

Soweit sich diese vereinzelt eingemischten, verweslichen Abfälle, vor allem die Waldstreuteilchen, noch im Einflußbereich des Luftsauerstoffs befinden, unterliegen sie der aerob-zoogenen Humusbildung. Tafel XXI – Abb. 4 bringt ein derart im Sphagnumabfall eingebettetes Moderpaketchen. Unter dem Auflichtmikroskop betrachtet, sieht man von Milben skelettierte Laubstreu. An den lokal zur Ablagerung gelangten Milbenexkrementen ist zum Teil bereits *Nachdunkelung* festzustellen. Man kann demnach die *ersten zwei Entwicklungsstufen guter Arthropodenhumusbildung* erkennen. An einem Blattrest (im oberen Bildteil) sind feinste Pilzhyphen zu sehen. Es sind somit Milben und Pilze nebeneinander am Werk.

Gelangen Streuteilchen in den anaeroben Bereich, dann werden diese von der Fäulnis erfaßt. Tafel XXII – Abb. 3 zeigt einen *Scharfschnitt durch einen Sphagnumhumus der anaeroben Einflußzone.* Man sieht unter dem Auflichtmikroskop *rotbraune (ligninreiche) Fäulnishumuselemente* im *hellfarbenen Sphagnumabfall* eingebettet. Die *Rotfäuleteilchen* weisen zum Teil leere Aushöhlungen auf und zum Teil sind noch weiße Zellulosegewebereste vorhanden. Charakteristisch für den Fäulniszustand ist das reichliche Vorkommen von *Sporozysten der Myxomyceten.* Der *Längsschnitt an hellfarbigen Sphagnumresten* zeigt die morphologische Struktur des Moosgewebes noch gut erhalten. Vereinzelt durchziehen Pilzhyphen das Gemisch von Torfmoos- und rotfaulem Bestandsabfall. Tafel XXXVII – Abb. 1 bringt das *Mikroauflichtbild eines ebenfalls aus der anaeroben Zone stammenden Sphagnumhumus.* In dem torfartig gelagerten Sphagnumabfall, dessen Einzelteile die äußere Gestalt des Mooses noch sehr gut erkennen lassen, sind sporadisch Fäulnishumuspaketchen eingestreut. Auf Tafel XXXVII – Abb. 2 ist der *Dünnschliff* eines derartigen Humus zu sehen. Die Torfmoosreste sind in ihrem morphologischen Aufbau noch gut erhalten. Zwischengelagert sind feinere und gröbere Fäulnishumusteilchen, die im Bilde schwarz erscheinen. Die gröberen, rundlichen, ebenfalls dunkelfarbigen Gebilde stellen *plektenchymatische Sklerotien* dar; ein Pilzdauerstadium, das pilzliche Einflüsse verrät.

Die folgenden Bilder erbringen den Beweis, daß sich beim Sphagnum-Waldhumus auch innerhalb der anaeroben Zone eine gewisse Tiertätigkeit einstellt. Es ergeben sich dabei dieselben Erscheinungen, wie sie früher bei der Besprechung der Rotfäulehumusbildung als charakteristisch aufgezeigt wurden. Daran erkennt man, daß es sich auch im vorliegenden Fall um Rotfäuleelemente handelt: Tafel XXII – Abb. 2 zeigt im *Mikroauflichtbild* einen *Collembolenfraß* an einem rotbraunen Fäulnishumuspaketchen, das völlig aufgezehrt wurde. Die Farbe der Kotteilchen stimmt mit jener der ligninreichen Restsubstanzen überein. Es hat also *keine Nach-*

dunkelung stattgefunden. Die Fraßstelle ist von einer stärkeren, sekundären Verpilzung erfaßt. Tafel XXII – Abb. 1 bringt eine *Milbenfraßstelle* an einem rotfaulen Humuspaketchen, wobei noch Teile unaufgezehrter Rotesubstanz zu sehen sind. Die Milbenexkremente sind durchwegs rotbraun gefärbt. Sie weisen gegenüber der Farbe des als Nahrung aufgenommenen Substrats ebenfalls keine Nachdunkelung auf. Auf Tafel XXIII – Abb. 3 ist ein *Scharfschnitt an einem Sphagnumhumus des anaeroben Bereiches* zu sehen, der quer durch ein rotbraunes Fäulnishumus- teilchen führte. In die durch Rotfäule entstandene Kaverne sind *sekundär* Milben eingedrungen. Aus der Farbe der Milbenexkremente ist zu entnehmen, daß die Milben sowohl am weißlichen Zelluloserestgewebe als auch an der rotbraunen, ligninreichen Rindenschicht des Rote- teilchens genagt haben. Dementsprechend ergaben sich weißliche, rot- braune und derart gefleckte Exkremente. Nachdunkelungen fehlen. Es liegt demnach eine Humusentwicklung vor, die mit jener des vor- besprochenen *rotbraunen Fäulnishumus* (Tafel XVIII – Abb. 2) voll- kommen übereinstimmt. Tafel XXIII – Abb. 4 bringt einen *Scharfschnitt* durch eine *kleinstörtlich begrenzte, stärkere Anhäufung rotbrauner Humus- teilchen* eines Sphagnumhumus der anaeroben Einflußzone. An diesem Bilde sind ergänzend noch folgende *charakteristische Merkmale für Rot- fäulehumusbildung* deutlich zu erkennen: 1. in den durch Schnitt frei- gelegten Humushohlräumen sieht man die *schwarze, lackartig glänzende Rindenschicht* dieser Roteteilchen und 2. an dieser Rindenschicht haften *Sporozysten der Myxomyceten* an. Schließlich wird auf Tafel XXIII – Abb. 1 ein *Scharfschnitt durch einen Sphagnumhumus aus tiefer liegendem anaeroben Bereich* gebracht. Man sieht im Sphagnumabfall, vereinzelt gelagert, rotbraune Roteteilchen, und zwar im Quer- und Längsschnitt. Das Humusgemisch ist von Pilzhyphen mäßig durchzogen. Die rot- braunen Roteteilchen zeigen das Bild abgeschlossener Rotfäule. Man sieht durch Rotfäule entstandene leere Kavernen bzw. aufgelockerte, ligninreiche Restsubstanz, deren morphologische Struktur noch gut erkennbar ist. Nachgedunkelter, zoogener Feinhumus ist nirgends zu finden. Die Sphagnumrückstände sind in ihrer ursprünglichen Gestalt und morphologischen Struktur noch gut erhalten. *Das Gesamtbild bestätigt den Zustand weitgehender Unfruchtbarkeit, die aus dem Zusammen- wirken von Sphagnumhumusbildung und Rotfäulehumusbildung hervorgeht.*

Tafel XXIII – Abb. 2 bringt das *Staubpräparat* eines Sphagnumhumus. Der staubfeine Rückstand, dessen Einzelteilchen mit unbewaffnetem Auge nicht mehr angesprochen werden können, weist folgende Zusammen- setzung auf: Von den Bruchstücken des Sphagnumabfalls, der mengen- mäßig weit vorherrscht, sind im Staubpräparat nur Spuren vorhanden, weil diese spezifisch leichten Teilchen im Verlauf der Staubpräparat- herstellung beim Abschütteln der gröberen Hackrückstände mitgerissen werden. Den Hauptanteil am Staubrückstand stellen die Bruchstücke ligninreicher Restsubstanz, wobei Bruchstücke mit anhaftender schwarzer Rindenschicht vereinzelt zu sehen sind. Damit ist der *beachtliche Einfluß der Rotfäulehumusbildung* bewiesen. Die Gegenwart einer verhältnismäßig

größeren Zahl rotbrauner und zum geringeren Teil weißer und rotbraun-
weiß-gefleckter Milbenkotteilchen weist auf eine *gewisse Milbentätigkeit im
Rahmen anaerober Humusbildung.* Diese Milbentätigkeit steht aber
außerhalb der Entwicklung von nachgedunkeltem, zoogenem Feinhumus. Im
Rahmen *aerober Humusbildung hervorgegangener, nachgedunkelter Milbenkot* ist hingegen in nur *verschwindendem Maße* vertreten. Dies beweist
die *weitgehende Ausschaltung aerob-zoogener Humusbildung.* Das Staubpräparat bestätigt demnach sämtliche im Wege der Scharfschnitt- und
Dünnschlifftechnik gemachten Feststellungen über Eigenart und ökologischen Wert der Sphagnumhumusbildung, wodurch die große diagnostische
Eignung der Staubpräparate abermals unter Beweis gestellt ist.

Zusammenfassend darf über die *mikroskopische Untersuchung des
Sphagnum-Waldhumus* gesagt werden, daß auf diesem Wege ein Einblick
in die Entwicklung und in die biologische und ökologische Eigenart
dieser Waldhumusbildung gewonnen wurde, der zum Teil neue Grundlagen für die Beurteilung dieses Humus erbrachte und wichtige Merkmale
diagnostischer Art aufzeigte. Es wurde vor allem die vom Verfasser
bereits 1952 vertretene Auffassung bestätigt, daß sich *die Sphagnum-
Waldhumusbildung als eine Kombination aerob-zoogener, anaerober und
abiologischer Umsetzungsvorgänge darstellt, wobei die aerob-zoogenen
Vorgänge weit zurücktreten und das Hauptgewicht auf die abiologische
Entwicklung fällt.* Die auf mikroskopischem Wege gewonnene Erkenntnis,
daß im vorliegenden Fall die anaeroben Umsetzungsvorgänge in ihrem
ökologisch ungünstigsten Typ, der *Rotfäule,* vertreten sind, erklärt
weiters die *extreme ökologische Minderwertigkeit der Sphagnum-Waldhumusbildung.*

Die *ökologische Wertlosigkeit des Sphagnumhumus* zeichnet sich auch
an der *charakteristischen, standortsgebundenen Wurzelentwicklung der
Forstgewächse* ab. Man kann dies schon an *einjährigen Pflanzen* ablesen.
Tafel XL – Abb. 1 bringt dafür zwei Beispiele an den Pflanzen 15 und 16.
In beiden Fällen liegen Tannenpflanzen vor, die sich im Sphagnumhumus
entwickelten. Beide Pflanzen bildeten unverhältnismäßig lange und
tiefgreifende Hauptwurzeln. Bei der *Pflanze 15* unterblieb eine Seitenwurzelbildung, weil diese Pflanze keine Berührung mit zoogenen Feinhumuskomplexen gefunden hat. Die Nährstoffarmut des Sphagnumabfalls bot keinen Anreiz zur Entwicklung von Ernährungswurzeln.
Die *Pflanze 16* hat, im Gegensatz zur Pflanze 15, mit zoogenen Moderpaketchen Kontakt gefunden und an diesen Berührungsstellen Seitenwurzeln ausgesendet. Im *ersten Fall zeichnet sich die ökologische Minderwertigkeit des Torfmoosabfalles ab,* während *im zweiten Fall der ernährungsphysiologische Wert der zoogenen Humuspakete zum Ausdruck kommt.*
Die *weitere Wurzelentwicklung* führt zur Ausformung eines Wurzeltyps,
der ebenfalls für Standorte mit Sphagnum-Waldhumus charakteristisch
ist. Tafel XXXIX – Abb. 1 zeigt diese eigenartige Wurzelbildung, die,
soweit dem Verfasser bekannt ist, bisher noch nicht beschrieben wurde.

Im vorliegenden Fall handelt es sich um 10- bis 15jährige Pflanzen eines natürlichen Fichtenanwuchses auf Sphagnumhumus. Mit dem verhältnismäßig raschen Anwachsen des Torfmooses sterben die unteren, vom Torfmoos erfaßten Äste durch Verdämmung ab. An den Stellen der ehemaligen Astquirlen entwickeln sich nunmehr innerhalb der vom Torfmoos umschlossenen Schaftzone Adventivwurzeln in Form typischer Hungerwurzeln (lang und gering verzweigt). *Auf diese Art treten an die Stelle der abgestorbenen Astquirlen charakteristische Wurzelquirlen.* Gleichzeitig kommt es mit dem Anwachsen des Torfmooses zu einer *Hebung der anaeroben Zone.* Dies *führt bei der davon betroffenen, unteren Wurzelpartie zum Absterben der Wurzeln durch Ersticken.* Tafel XXXVIII – Abb. 1 und 2, Tafel XXI – Abb. 1 *veranschaulichen die weitere Entwicklung dieses Wurzeltyps.* Das rasche Anwachsen des Torfmooses zwingt die Fichte zur Bildung entsprechend *höher angesetzter Adventivwurzeln als* Ersatz für den Verlust des ursprünglichen Wurzelkomplexes. Diese *Ersatzwurzeln* entwickeln sich in der Folge als *typische Hungerwurzeln.* Da das Höhenwachstum der Fichten gegenüber jenem des Torfmooses stärker ist, entwächst die Fichtenkrone der Verdämmung durch Torfmoos. Bei den Wurzeln bleibt hingegen der von unten nach oben fortschreitende Wurzelabbau im Maße der Torfmoosentwicklung erhalten. Dies führt zu einer *progressiven Störung des physiologischen Gleichgewichtes zwischen Wurzel und Krone* zu Ungunsten der ersteren. *Die Wurzel vermag dem ansteigenden Bedürfnis der Krone nicht mehr ausreichend zu entsprechen.* Die unmittelbaren Folgen sind: Wuchsstockung im Kronenbereich, damit Verschiebung des Verhältnisses zwischen benadelter und unbenadelter Astzone zu Gunsten der letzteren, Bildung kleiner Nadeln und von unten nach oben fortschreitender Kronenabbau. Dies führt zu einer starken, physiologisch bedingten Bestandsauflichtung (auf Tafel XX – Abb. 1 ist dieses Zustandsbild an einem 70jährigen Fichtenbestand zu sehen). Diese fördert die Entwicklung des Torfmooses. Gleichzeitig verringert sich die Waldstreuproduktion und damit der ökologische Wert des Sphagnum-Waldhumus. *Aus allen vorgenannten Gründen verschärft sich der Kampf zwischen Waldbestand und Torfmoos zu Ungunsten des Waldes.* Tafel XX – Abb. 2 zeigt das Endstadium dieses ungleichen Kampfes. *Es ist das Bild eines im Sphagnum-Waldhumus untergehenden Waldes.*

Diese pathologischen Wuchsreaktionen an Forstgewächsen sind eine eindrucksvolle Bestätigung für die vorhergehend festgestellte Minderwertigkeit des Sphagnum-Waldhumus. Dazu kommt, daß der Einfluß dieses Humus auf die Entwicklung des Waldes binnen verhältnismäßig *kurzer Zeit zu katastrophalen Auswirkungen führen* kann. Tafel XXXIX – Abb. 2 bringt das Bild eines *60jährigen Fichtenbestandes* (Waldrevier Fürstenfeld-Steiermark), der aus einer *anfangs wüchsigen Pflanzkultur* hervorgegangen ist. Im Stangenholzalter des Waldbestandes zeigten sich die ersten Torfmooshorste, die sich nach etwa 10 Jahren zu einer geschlossenen Moosdecke entwickelten. Wenige Jahre darauf setzte bei den Fichten eine auffallende Wuchsstockung ein. Das rasch anwachsende Torfmoos (bis 60 cm Mächtigkeit) führte zur Adventivwurzelbildung bei gleichzeitigem Absterben der ursprünglichen Wurzel-komplexe (Tafel XXXVIII – Abb. 2). Über die chemischen Auswirkungen wurde an anderer Stelle berichtet (F. HARTMANN – 52, 60). Diese Ent-wicklung vollzog sich vor den Augen des Verfassers. Sie führte nach etwa zwei Jahrzehnten zu dem auf Tafel XXXIX – Abb. 2 dargestellten, für den Waldbestand aussichtslosen Zustand.

Die *Sphagnum-Waldhumusbildung kann als die ökologisch ungünstigste Humusentwicklung angesprochen werden.* Pathologisches Auftreten dieses Waldhumus bedeutet für den Wirtschaftswald in der Regel praktisch sein Ende. Es ist deshalb begründet, wenn diese Waldhumusbildung in die *4. Humusdegradationsstufe des feucht-nassen Typs* eingereiht wird.

Das Torfmoos entwickelt sich auf jeder stark sauren, durchfeuchteten bis vernäßten organogenen Unterlage im extrem-humiden Klima, auf gegen Sonne und Wind geschützten Lagen, bei nicht zu starker Beschattung und bei Ausfall einer verdämmenden Wirkung durch Waldstreu. Es sind deshalb durch Wuchsstockung aufgelichtete und daher wenig Streu produzierende Waldbestände besonders gefährdet. Es ist weiters nahe-liegend, daß Sphagnum-Waldhumus, bei dem die Rotfäule eine gewisse Rolle spielt, auf Standorten mit kohlig-faserigem Fäulnishumus bzw. mit rotbraunem Fäulnishumus, also auf Unterlagen mit Rotfäuleeinfluß, häufig zur Entwicklung kommt. Tafel XXIV – Abb. 1 bringt ein derartiges *Humusprofil.* Dieses Profil ist charakteristisch für die Humusdegradation 4. Stufe des feucht-nassen Typs.

B/II. Subhydrische und semiterrestrische Waldhumusbildungen

Von den Unterwasserhumusbildungen „*Unterwasser-Rohbodenhumus, Dy, Gyttja, Sapropel* und *Flachmoortorf*" besitzen nur jene eine beachtens-werte forstliche Bedeutung, die sich in der Hauptsache auf Gyttja-Elementen aufbauen, die sich also in sauerstoffhaltigen Gewässern auf Grundlage lebhafter zoogener Aufbereitung des organischen Abfalls entwickeln. Denn unsere Forstgewächse sind an sauerstoffhaltiges Wasser gebunden. Dies trifft vor allem für die *Bruch-* und *Sumpfwälder* zu.

E. RAMANN (05) bezeichnet diese unter Wasser gebildeten Humus-ablagerungen als *Schlamm.* Besteht derselbe in der Hauptsache aus Tierkot, dann liegt *Gyttja* vor. Nach RAMANN handelt es sich um eine mit Resten höherer und niederer Pflanzen (Algen, Diatomeen) durchsetzte humose, schlammige, tiefbraune Masse, die unter Wasser durch Ein-wirkung der hier lebenden, in der Regel zahl- und artenreichen Organismen gebildet wird. Tafel XXVI – Abb. 1 bringt einen Dünnschliff eines solchen Humus. In einer schlammigen Grundmasse, bestehend aus dem Kot von Wasserkleintieren, sind glasklare, unter dem Durchlichtmikroskop hell aufleuchtende Mineralkörnchen und Splitterchen sowie unzersetzte bzw. noch wenig zersetzte organische Abfallsubstanzen (im Radiärschnitt Zellstruktur aufweisend) eingebettet. Wurmlosungen fehlen.

Bei dieser Waldhumusbildung liegt demnach ein durchaus lebhafter biologischer Vorgang vor. Die im Wasser lebenden Kleintiere sowie die in demselben schwebenden mikroskopisch kleinen Organismen, die man als *Plankton* bezeichnet, spielen eine entscheidende Rolle. Erstere erzeugen Walddünger in Form von Tierkot und letztere liefern als Kadaver feinsten organischen Absatz in Form von *Faulschwamm* oder *Sapropel*. Wird der Faulschlamm mit Tonsubstanz durchschlämmt, so bilden sich *Sapropeltone*. Mit zunehmender Verlandung der Gewässer entstehen die außerordentlich fruchtbaren Standorte der *Bruchwälder*, an die sich, von den Ufern fortschreitend, in der Regel über eine *semiterrestrische* Entwicklungszone in Form des *Waldanmoors* der Bereich *terrestrischer* Waldhumusentwicklung anschließt.

Das *Anmoor (Fenmull)* ist eine mineralreiche Humusform mit starker Zersetzung. Tafel XXVI – Abb. 2 bringt den Dünnschliff eines kalkreichen (mergeligen) Anmoorbodens. Unter dem Durchlichtmikroskop erkennt man unzersetzte oder wenig zersetzte Pflanzenreste, die in eine humusreiche, mergelige, feingranulierte, im polarisierten Licht stark doppeltbrechende Grundsubstanz eingebettet sind. *Anmoor* steht unter dem Einfluß von Staunässe oder von Grundwasser. Entwicklungsmäßig steht *Anmoor* zwischen der Unterwasserhumusbildung „*Gyttja*" und der terrestrischen Humusbildung „Mull". Je nach den hydrologischen Gegebenheiten sind alle Übergänge zwischen diesen Humusbildungen möglich. Bei *Anmoor* wird die organische Abfallsubstanz wenigstens teilweise von *Wassertieren* verarbeitet. Nach KUBIENA (53) stellt sich der Anmoorhumus als eine schwärzliche bis dunkelgraue Mischung von mineralischer Substanz mit mechanisch zerfallenden (aufgeschlämmten), feinstzerteilten, sich stetig anreichernden, gut humifizierten (nachgedunkelten) Losungsresten von Wassertieren, aber auch von Landtieren, dar.

Die vorbesprochenen *subhydrischen* und *semiterrestrischen Waldhumusbildungen* liefern auf kalkhältigen Standorten im allgemeinen und auf kalkarmen Standorten unter Waldbeständen mit großer basenhebender und basenspeichernder Wirkung sowie auf Standorten mit ständiger Nährstoffzufuhr durch Überflutungswasser *hochwertigen* Waldboden. Hierher gehören unter anderem die wüchsigen Pappel-, Erlen-, Weiden-Sumpfwälder, die Erlenbruchwälder und die bekannten Sumpfzypressenwälder der dauernd überschwemmten Flußniederungen des Mississippi und Floridas in den USA (Tafel XLI – Abb. 2).

C. Waldhumus-Bestimmungsschlüssel

Vom *biologischen Charakter* der einzelnen Waldhumusbildungen ausgehend, werden deren wichtigste *biomorphologische Indikatoren,* bei zusätzlicher Berücksichtigung sonstiger besonderer Merkmale, wie *Geruch, floristischer Aspekt* und *Wurzeltyp,* zu einem *erweiterten Bestimmungsschlüssel* zusammengefaßt. Es soll damit eine geeignete Grundlage für die praktische Durchführung von Waldhumusdiagnosen bereitgestellt werden.

I. Lumbriciden-(Regenwurm-)Humusbildung

a) *Biologischer Charakter:*

Lumbriciden (Regenwürmer) dominierend,
Arthropoden (Gliederfüßler) vom Wurmeinfluß beherrscht bis völlig zurückgedrängt (es fehlt daher die Entwicklung eines Auflagehumushorizonts),
Pilze stark zurücktretend.

b) *Biomorphologische Charakteristik:*

Knollig-nierige Gestalt der Regenwurmexkremente (Tafel XXVIII – Abb. 1), die sich im allgemeinen als eine Mischung humus-toniger Grundsubstanz mit Mineralkörnchen und Splitterchen darstellen (Tafel XXVII – Abb. 1 und 2),
Bildung von Regenwurmgängen im Boden,
mosaikartiges Bodengefüge als Ergebnis der bodentransportierenden Tätigkeit durch Würmer (Tafel II – Abb. 2),
keine scharfen Horizontgrenzen innerhalb des Obergrundes,
nach unten allmählich abnehmender Humusgehalt als Folge der bodenbearbeitenden und bodenmischenden Tätigkeit der Würmer (Tafel V – Abb. 3 und 4).

c) *Humusgeruch:*

Nach guter Gartenerde.

d) *Floristischer Aspekt:*

Je nach Ausgangsboden und sonstigen Umweltsverhältnissen stark variierende, mehr oder weniger aufgelockerte *nitrophile* Schattenkräutervegetation (Tafel II – Abb. 1) bzw. geschlossene Kräuter-Grasdecke (Tafel I – Abb. 1).

e) *Bodendurchwurzelung:*

Im allgemeinen tiefgreifend und von oben nach unten an Intensität abnehmend, wobei im besonderen hydrologische Einflüsse modifizierend wirken.

Subtypenbildungen

1. Lumbricidenhumus hoher Sättigung

Reaktionsbereich: Neutral bis alkalisch (pH/KCl über 6.5).

Elementargefüge: Intertextisch; unter steppenähnlichen Klimabedingungen Entwicklung *sekundärer Kalk- bzw. Salzanreicherungshorizonte* mit Kalzitkristallbildung in den Kapillaren (Tafel XXIX – Abb. 2) und mit pilzmyzelartigen Kalzitausblühungen aus den humosen Feinerdeaggregaten (Tafel XXIX – Abb. 1) bzw. mit Sodaausblühung (Tafel XXVIII – Abb. 2) bei salzreichen Böden.

2. Lumbricidenhumus mittlerer Sättigung

Reaktionsbereich: Schwach sauer (pH/KCl 5.3 bis 6.4).

Elementargefüge: Vorherrschend intertextisch mit Übergängen zum plektoamiktischen Gefüge.

3. Lumbricidenhumus geringer Sättigung

Reaktionsbereich: Sauer bis stark sauer (pH/KCl 4.1 bis 5.2).

Elementargefüge: Vorherrschend plektoamiktisch.

4. Krytomull

Bei lebhafter Regenwurmtätigkeit und raschem Streu- und Humusabbau, im warm-humiden Klima und auf schweren Böden, Entwicklung von Profilen mit dünner Streuschicht und blassem, nicht gekrümeltem, plastischem Mineralboden (chemische Bodenanalyse bestätigt Stickstoffanreicherung innerhalb des Oberbodens).

5. Tonarmer Lumbricidenhumus (Sandmull, Kiesmull)

Tonarmut bedingt raschen Zerfall und leichte Aufschlämmung der Regenwurmexkremente; Entwicklung beachtlicher Mullhorizonte, die von minerogenem Bodenskelett (Sand, Kies) durchsetzt sind.

II. Arthropodenhumusbildung

a) *Biologischer Charakter:*

Milben (Acari), Springschwänze (Collembolen) und Borstenwürmer (Enchytraeiden) stehen im Vordergrund. Neben diesen Bodentieren nehmen auch Asseln (Isopoden), Tausendfüßler (Myriapoden), Insekten und Insektenlarven, örtlich auch Landschnecken (Mollusken) an der Aufbereitung des organischen Abfalls teil.

Die Gegenwart einzelliger Tierchen (Protozoen) wird durch Zystenbildung angezeigt (Tafel IV – Abb. 2).

Pilze sind in der Regel im mäßigen Ausmaß in Hyphenform vorhanden. Keine dichte Verfilzung bzw. Verschimmelung der Streu und des Auflagehumus.

Regenwürmer (Lumbriciden) fehlen oder sie treten auf ein belangloses Maß zurück.

b) *Biomorphologische Charakteristik:*

Ein lebhaftes Bodenleben führt zur Entwicklung eines ausgeprägten, durchwegs *lockeren* Auflagehumushorizontes, an dem sich sämtliche Humusentwicklungsstufen in allmählich ineinander übergehenden Schichten abzeichnen. Bei ungestörtem Bodenleben führt die Humusentwicklung über *Grobmoder* (Tafel IV – Abb. 3 und 4), *Feinmoder* (Tafel IV – Abb. 1 und Tafel XXX – Abb. 1) bis zum *Arthropodenmull* (Tafel V – Abb. 1 und Tafel XXXI – Abb. 1).

Arthropodengrobmoder besteht aus einem locker gefügten Gemisch von überwiegend Roteteilchen (zum Großteil mit Fraßkavernen) und freiliegenden Arthropodenkotteilchen verschiedenen Nachdunkelungsgrades (Tafel IV – Abb. 3 und 4).

Arthropodenfeinmoder stellt ein locker gelagertes Gemisch gekrümelter, stark nachgedunkelter Feinhumuskomplexe mit noch in beachtlicher Menge vorhandener Rotesubstanz dar (Tafel IV – Abb. 1 und 2, Tafel XXX – Abb. 1).

Arthropodenmull setzt sich in der Hauptsache aus lockergefügtem, feingekrümelten, stark nachgedunkelten Feinhumus zusammen, dem nur mehr feinste Bruchstücke von Rotesubstanz (in verschwindenden Mengen) beigemischt sind (Tafel V – Abb. 1 und Tafel XXXI – Abb. 1).

Für die Arthropodenhumusbildung charakteristisch sind folgende *Entwicklungsstufen:*

1. Bildung echter Humusstoffe im Darm der streuverzehrenden Tiere (Erstzersetzer),

2. Weiterentwicklung echter Humusstoffe in den Exkrementen dieser Tiere und

3. Humusveredlung sowohl im Darm der koprophagen Bodentiere als auch in deren Exkrementen.

Diese drei Entwicklungsstufen sind fundamentale Erkennungsmerkmale für das Ansprechen der Arthropodenhumusbildung.

Die ersten zwei Entwicklungsstufen sind an der Nachdunkelung der Exkremente (Tafel IV – Abb. 2, 3 und 4) erkennbar. Die dritte

Stufe zeichnet sich an der Entwicklung sekundärer, stark nachgedunkelter Feinhumusaggregate und in dem gleichzeitig fortschreitenden Zerfall der Rindenschichten ab (Tafel IV – Abb. 1, Tafel XXX – Abb. 1, Tafel XXXI – Abb. 1 und Tafel V – Abb. 1).

Die Arthropodenhumusbildung beginnt bei Laubstreu mit der Skelettierung der Blätter (Tafel II – Abb. 3), bei hartem Bestandsabfall (Nadelstreu, Holzteilchen) mit Kavernenfraß am Innengewebe, wobei hauptsächlich Hornmilben beteiligt sind, deren Exkremente eine charakteristische, *eiförmig-zylindrische* Gestalt aufweisen (Tafel IV – Abb. 2, 3 und 4).

Das *Staubpräparat* ist ein verläßlicher Indikator für das Ansprechen der Arthropodenhumusbildung (Tafel IV – Abb. 2).

c) *Humusgeruch:*

Angenehmer Pilzgeruch.

d) *Floristischer Aspekt:*

Sicherster Anzeiger für fruchtbaren, milden bis sauren Arthropodenhumus ist in frischen Lagen Oxalis acetosella (Sauerklee) (Tafel III – Abb. 2); in niederschlagsarmen Gebieten und in trockeneren Lagen (Kiefernwald) treten nitrophile Gräser und Kräuter xerophilen Einschlags in den Vordergrund.

e) *Bodendurchwurzelung:*

Innerhalb des Auflagehumus reich verzweigte Feinwurzelkomplexe, bei saurem Humus mit lebhafter Mykorrhizabildung (Tafel XL – Abb. 1, Pflanzen 1 und 2).

Subtypenbildungen

1. Arthropodenhumus hoher Sättigung

Reaktionsbereich: Neutral bis alkalisch (pH/KCl über 6.5), starke Kalkwirkung innerhalb des Humushorizontes (*rendzinaartiger Arthropodenhumus* aller Entwicklungsstufen vom Grobmoder bis Mull).

2. Arthropodenhumus mittlerer Sättigung

Reaktionsbereich: Schwach sauer (pH/KCl 5.3 bis 6.4), basenreiche Waldstreu (*milder Arthropodenhumus* aller Entwicklungsstufen).

3. Arthropodenhumus geringer Sättigung

Reaktionsbereich: Sauer bis stark sauer (pH/KCl 4.1 bis 5.2), basenarme Waldstreu (*saurer Arthropodenhumus* aller Humusentwicklungsstufen).

4. Arthropoden-Alpenhumus

Humusanhäufung bei allen Humusentwicklungsstufen (von Alpen-moder bis Alpenmull) durch gedrosselten Humusabbau in kühl-humiden Gebirgslagen.

Reaktionsbereich: Schwach bis stark sauer (pH/KCl 5.3 bis 4.1).

5. Arthropoden-Hagerhumus

Diese *Humusbildung* beschränkt sich in der Hauptsache auf eine staubfeine Zerkleinerung des organischen Abfalles. Die koprophage Humusveredelung, also die 3. Entwicklungsstufe des Arthropodenhumus, ist in der Regel auf ein belangloses Maß abgebremst. Dieser Humus ist deshalb arm an echten Humusstoffen und weist aus diesem Grund eine verhältnismäßig geringe Nachdunkelung im Profil auf. Er ist dicht gelagert und zerfällt im lufttrockenem Zustand bei leichtem Druck zu Staub. Pilzeinfluß ist im allgemeinen gering und praktisch bedeutungslos.

Der *floristische Aspekt* ist extrem xerophil, wobei *Flechten* im Vordergrund stehen. Unbedeckter Humus bildet in der Regel eine dünne, krustenartige Rindenschicht.

III. Zoogene Zwillingshumusbildung

a) *Biologischer Charakter:*

Kombination zwischen Arthropoden- und Lumbricidenhumus-bildung.

Die *Verarbeitung des harten Bestandsabfalles* wird hauptsächlich von Arthropoden (Gliederfüßlern) und *Enchytraeiden* (Borstenwürmern) besorgt.

Die koprophage Humusweiterentwicklung, die *Ton-Humus-Koppelung*, die *Bodenbearbeitung* und *Bodenmischung* ist Aufgabe der *Lumbriciden* (Regenwürmer).

Der Einfluß der *Pilze* entspricht jenem bei der Arthropodenhumusbildung.

b) *Biomorphologische Eigenart:*

Diese Humusbildung unterscheidet sich einerseits vom normalen Lumbricidenhumustyp durch Entwicklung eines *ausgeprägten Auflagehumushorizontes* und anderseits vom Arthropodenhumustyp durch Bildung eines beachtlichen *Mullerdehorizontes*. Die oberste Auflagehumusschicht (F-Horizont) steht im Zeichen lebhafter Arthropodenhumusbildung, wobei auch Regenwürmer einen gewissen Einfluß nehmen. Die nach unten folgende Humusstoffschicht (H-Horizont) entwickelt sich aus dem Zusammenwirken von Arthropoden- und Lumbricidentätigkeit zu einem *mullartigen Moder*. Auf diesen folgt in allmählichem Übergang der von den Regenwürmern beherrschte

Mullerdehorizont (A_1-Horizont). Tafel XXIV – Abb. 3 bringt dieses Humusprofil.

Im übrigen gelten auch hier die vorhergehend sowohl für normale Lumbricidenhumusbildung als auch für Arthropodenhumusbildung aufgezeigten biomorphologischen, im besonderen mikromorphologischen Merkmale.

c) *Humusgeruch:*

Im Auflagehumushorizont herrscht *angenehmer Pilzgeruch* vor, während die Mullerdeschicht nach *guter Gartenerde* riecht.

d) *Floristischer Aspekt:*

Unter Laub-Nadel-Mischwald (Tafel III – Abb. 1 und Tafel XLI – Abb. 1) oxalisreicher, nitrophiler Schattenkräutertyp (Tafel III – Abb. 2);

unter *standortsgemäßem Nadelwald* (Tafel VI – Abb. 1) aufgelockerte Moosvegetation des „guten Moostyps" (K. RUBNER – 29) mit örtlich auftretenden nitrophilen Gräsern und Kräutern inkl. Oxalis (Tafel VI – Abb. 2); sporadisch kann auch Vaccinium Myrtillus vorkommen.

e) *Wurzeltyp:*

Im *Auflagehumus* Entwicklung verhältnismäßig zarter, reichverzweigter und mit Mykorrhizen stark besetzter Wurzeln,

im *Mullerdehorizont* hingegen gröberer und an Mykorrhizen ärmerer Feinwurzeln (Tafel IL – Abb. 1, Pflanzen 1 und 2).

Subtypenbildungen

Übereinstimmend mit jenen bei normaler Lumbriciden- und normaler Arthropodenhumusbildung.

IV. Eumycetisch beeinflußte zoogene Humusbildung — trockener Typ

a) *Biologischer Charakter:*

Konkurrenzkampf zwischen *Arthropoden* und *aeroben Pilzen,* wobei der Pilzeinfluß sichtlich von oben nach unten abnimmt und in der Mineralbodenrinde praktisch ausfällt (Tafel VIII – Abb. 3); stark gedrosselte Arthropodentätigkeit im unteren Humushorizont (H-Horizont);

Lumbriciden fehlen oder sie treten auf ein belangloses Maß zurück.

b) *Biomorphologische Eigenart:*

Streuschicht verdichtet und zu Stücken abhebbar (Tafel VII – Abb. 3). Die *oberste Humusschicht* (F-Horizont) kennzeichnet sich als *Arthropodengrobmoder,* dessen Roteteilchen von mehr oder weniger aufgelockerten Pilzgespinsten umgeben sind (Tafel VII – Abb. 4). Die Kavernen dieser Roteteilchen enthalten neben Pilzhyphen auch Milbenexkremente. Im freien Raum befinden sich helle und nachgedunkelte, eiförmig-zylindrische Milbenkotteilchen, die ebenfalls von Pilzhyphen umsponnen sind. Die mikroskopische Untersuchung bestätigt demnach das Vorwalten der *ersten zwei Phasen normaler Arthropodenhumusbildung* bei gleichzeitig *starkem Pilzeinfluß* auf die Humusbildung (Tafel XXXI – Abb. 2).

Im *nach unten folgenden Humushorizont* (H-Horizont) ist eine auffallende Abnahme der *Humusverpilzung* festzustellen (Tafel XXXII – Abb. 1 und Tafel VII – Abb. 1). Das *Humusstaubpräparat* (Tafel VII – Abb. 2) bestätigt eine noch verhältnismäßig große Zahl eiförmig-zylindrischer Feinhumusteilchen verschiedenen Nachdunkelungsgrades. Dies beweist, daß die Humusentwicklung im *Übergangsstadium vom Grobmoder zum Feinmoder* steckengeblieben ist. Es liegt demnach eine *auffallende Drosselung der koprophagen Humusweiterentwicklung* vor. Die Bildung eines Mullhumushorizontes fehlt. Die unterste Auflagehumusschicht weist im Gegenteil *trockentorfartigen* Charakter auf (Tafel VII – Abb. 1 und Tafel XXIV – Abb. 1). Diese Schicht liegt auf der verarmten, in der Regel ausgebleichten Mineralbodenrinde ohne Übergang auf.

c) *Humusgeruch:*

Typischer Modergeruch.

d) *Floristischer Aspekt:*

Xerophiler Einschlag; im schütteren Verband sind hauptsächlich vertreten: Bodenflechten, Calluna, Vaccinium vitis idaea, xerophile Gräser und Vertreter des trockenen Moostyps (Tafel VII – Abb. 3).

e) *Wurzeltyp:*

Auffallend kümmerliche Wurzelentwicklung (Tafel XL – Abb. 1, Pflanzen 5 und 6).

V. Eumycetisch beeinflußte zoogene Humusbildung — feuchter Typ

a) *Biologischer Charakter:*

Der nach unten zunehmende Vernässungseinfluß kommt in der biologischen Eigenart dieses Humus in charakteristischer Weise zum Ausdruck: In den *oberen Humushorizonten* (F- und H_1-Horizont), die unter verhältnismäßig geringerem Vernässungseinfluß stehen, vollzieht sich ein *harter Konkurrenzkampf um Nahrung zwischen Arthropoden und aeroben Pilzen,* wobei neben einer lebhaften

Arthropodentätigkeit auch ein starker Pilzeinfluß in Erscheinung tritt (Tafel VIII – Abb. 4 und Tafel IX – Abb. 2). In der *nach unten folgenden, von der Vernässung im verstärkten Maß erfaßten Humusschicht* (H_2-Horizont) werden die *makroskopischen* Pilze von einer lebhaften *mikroskopischen Pilzvegetation* abgelöst (Tafel IX – Abb. 1). Die Gegenwart von Myxomyceten (Schleimpilzen) wird durch Sporozysten angezeigt. *Lumbriciden* treten kaum in Erscheinung. Örtliches Auftreten von *Protozoenzysten* verrät die Gegenwart dieser Urtierchen.

b) *Biomorphologische Eigenart:*

Die *oberste Humusschicht (F-Horizont)* erscheint, unter dem Auflichtmikroskop betrachtet, als *Arthropodengrobmoder,* dessen Roteteilchen *von Pilzhyphen stark umsponnen und durchsetzt* sind. Als besonderes Merkmal für Vernässungseinfluß treten, örtlich verstreut, *Sporozysten von Myxomyceten* (Schleimpilzen) auf (Tafel VIII – Abb. 2 und 4).

Im nach unten folgenden H_1-*Horizont* entwickelt sich dieser Humus zum *pilzbeeinflußten Arthropodenfeinmoder,* der sich als ein von Pilzhyphen durchzogenes und mit Sporozysten der Schleimpilze besetztes Gemisch von *nachgedunkeltem* Feinhumus mit Rotesubstanz darstellt (Tafel IX – Abb. 2), wobei der Großteil der zoogenen Humuskomplexe bereits sekundäre Formen angenommen hat, und zwar mit der Tendenz zur Krümelbildung (Tafel IX – Abb. 4).

Im H_2-*Horizont* bildet der Auflagehumus eine *verdichtete, feinhumusreiche und von mikroskopischen Pilzen außerordentlich reich durchsetzte Humuschicht* (Tafel IX – Abb. 1), die als die hauptsächliche Ursache für das Auftreten der Vernässungserscheinungen innerhalb des Auflagehumus und der Mineralbodenrinde anzusehen ist.

Im A_1-Horizont treten Humuseinschlämmungen auf (Tafel XXIV – Abb. 1), die unter starkem Einfluß mikroskopischer Pilze stehen.

c) *Humusgeruch:* .
Moderartig.

d) *Floristischer Aspekt:*
Auf *verdichteter* Nadelstreudecke, die sich zu Stücken abheben läßt, entwickelt sich eine *aufgelockerte* Vegetation vornehmlich *hygrophiler Pflanzen,* im besonderen von *Sphagnum* und *sauren Gräsern* (Tafel VIII – Abb. 1).

e) *Wurzeltyp:*
Häufiges Auftreten parasitischer Mykorrhizabildungen mit vorzeitigem Absterben der Feinwurzeln (Tafel XXIII – Abb. 2).

VI. Eumycetische (Pilz-)Humusbildung

a) *Biologischer Charakter:*

Diese Humusbildung steht unter dem Einfluß einer *absoluten Vorherrschaft der Pilze*, wobei *Schimmel- und Schlauchpilze* in den Vordergrund treten. Der Einfluß der Bodentiere auf die Humusbildung ist bedeutungslos, in extremen Fällen praktisch ausgeschaltet.

b) *Biomorphologische Eigenart:*

Die einzelnen Roteteilchen sind von einem dichten Pilzgespinst umgeben bzw. nahezu völlig überdeckt. Der Humus läßt sich zu Stücken abheben. Die äußere Gestalt der Abfallsubstanzen bleibt weitgehend erhalten (Tafel XI – Abb. 1 und Tafel XXXIV – Abb. 1). Das Scharfschnittpräparat eines Pilzhumus läßt erkennen, daß von den Innengeweben der Roteteilchen in der Hauptsache nur stark aufgelockerte, rotbraun gefärbte (ligninreiche) Reste zurückbleiben. Weiße Zelluloserestgewebe treten nur sporadisch auf. Die durch Pilzeinfluß entstandenen Aushöhlungen der Roteteilchen sind im allgemeinen leer oder teilweise von Pilzgespinsten ausgefüllt (Tafel XI – Abb. 4). Als seltene Ausnahme kann an Zelluloserestgeweben Milbenfraß angetroffen werden (Tafel XI – Abb. 3). In diesem Fall sind die Milbenexkremente weiß und dunkeln nicht nach. Das *Hackpräparat* (Tafel XII – Abb. 2) beweist, daß nachgedunkelte, gekrümelte Feinhumuskomplexe (koprogener Humus) fehlen. In diesem Entwicklungszustand kann der Pilzhumus als *Pilzmoder* angesprochen werden.

Mit der Aufzehrung der pilzlöslichen Stoffe setzt, bei gleichzeitiger Dichtlagerung der ligninreichen Reste, ein auffallender Rückgang der makroskopischen Pilzvegetation ein. Damit zeichnet sich ein *Übergangszustand vom Pilzmoder zum Pilztrockentorf* ab (Tafel XII – Abb. 1). In diesem Entwicklungsstadium treten vorerst *mikroskopische* Pilze in beachtlichem Maße auf. In den Querschnitten der Roteteilchen sieht man entweder leere Aushöhlungen, oder aufgelockerte, ligninreiche (rotbraune) Restgewebe, in zurücktretendem Maße auch weiße Zellulosereste. Nachgedunkelte zoogene Feinhumuskomplexe fehlen.

Mit dem Verschwinden der mikroskopischen Pilze ist der Endzustand der Pilzhumusbildung in Form des Pilztrockentorfs erreicht (Tafel XII – Abb. 4). *Das Hackpräparat* (Tafel XII – Abb. 3) *bestätigt* in einfachster und dabei eindeutiger Weise, daß sich der *Pilztrockentorf* in seiner Hauptmasse aus ligninreicher Restsubstanz mit eingesprengten Teilchen weißer Zelluloserestgewebe zusammensetzt. Nachgedunkelte, zoogene Humusteilchen fehlen oder sie treten nur vereinzelt auf.

c) *Humusgeruch:*

Pilzmoder besitzt im frischen Zustand einen intensiven Schimmelgeruch oder einen anderen, undefinierbaren, unangenehmen Geruch.
Pilztrockentorf ist im allgemeinen geruchlos.

d) *Floristischer Aspekt:*

Unter aufgelichteten, flechtenreichen Waldbeständen von kümmer-
lichem Wuchs entwickelt sich eine betont *xerophile*, dürftige
Vegetation von vornehmlich Flechten, Trockenmoosen, Trockengräsern und Zwergsträuchern (Tafel X – Abb. 1 und 2, Tafel XI –
Abb. 2).

e) *Wurzeltyp:*

Die Wurzeln sind verhältnismäßig lang, wenig verzweigt (peitschenartige Hungerwurzeln) und an ihren Enden mit *parasitischen Pilzanhäufungen* außerordentlich reich besetzt (Tafel XXXVI – Abb. 1).

VII. Schwarzfäulehumusbildung
(kohlig-schmieriger Fäulnishumus)

a) *Biologischer Charakter:*

Diese *natürlich-normale* Humusbildung kennzeichnet sich durch
das Auftreten *aerober* und *anaerober Entwicklungsphasen*. Diese
Vorgänge wechseln einander ab und greifen örtlich ineinander,
entsprechend der bodenklimatischen Abwandlung auf diesen
Standorten (periodisches Auftreten von Bodenvernässung durch
sauerstoffarmes bzw. sauerstofffreies Wasser).

Die *aerob-zoogene Entwicklungsphase* steht im Zeichen einer
lebhaften *zoogenen Zwillingshumusbildung* bzw. *reinen Lumbricidenhumusbildung*. Die *anaerobe Humusweiterentwicklung* wird von
Schwarzfäulevorgängen beherrscht, bei denen *anaerobe* Mikroorganismen (Bakterien und Pilze) entscheidenden Anteil haben.

b) *Biomorphologische Eigenart:*

Die *Lebhaftigkeit der zoogenen Humusbildung* führt zu einer raschen
Aufbereitung des organischen Abfalls zu *Mullhumus*, wobei sich
die Entwicklungsstufen „Grobmoder, Feinmoder und mullartiger
Moder" in einem Maße überschneiden, das eine gegenseitige
Horizontabgrenzung ausschließt. Die *anaerobe Zone* zeichnet sich
im Humusprofil (Tafel XXIV – Abb. 2) durch die betont *kohlig-
schwarze Farbe* des Humus deutlich ab. Unter dem Auflichtmikroskop oder unter starker Lupe betrachtet, erkennt man diesen
Humus als kohlig-schwarzen, dicht verschlämmten Feinhumus,
dem nur vereinzelt Roteteilchen beigemischt sind. Feinste Mineralsplitterchen und Mineralkörnchen deuten auf die bodenmischende
Tätigkeit der Regenwürmer (Tafel XV – Abb. 3). Ferner ist für

diesen Humus das *reichliche* Vorkommen von *Sporozysten der Schleimpilze* charakteristisch, die sich als rundliche, manchmal geteilte, weißliche Gebilde vom Schwarz des Humus deutlich abheben. Örtlich treten auch *Protozoenzysten* (perlenartige Gebilde) auf. *Pilzhyphen* sind nur vereinzelt und sporadisch vorhanden. Das *Staubpräparat* (Tafel XV – Abb. 1) zeigt durchwegs Bruchstücke kohlig-schwarzen Feinhumus, denen häufig Sporozysten anhaften. Bruchstücke rotbrauner Rotesubstanz sind nur in verschwindender Zahl beigemischt. Es bestätigt sich damit das weitgehende Übergewicht der Schwarzfäule gegenüber der Rotfäule.

Ein zusätzliches Merkmal dieses Humus besteht darin, daß er im feuchten bis nassen Zustand schmierig ist, im trockenen Zustand torfartig verhärtet, stark schwindet und Risse bildet (Tafel XXIV – Abb. 2).

c) *Humusgeruch:*

Im trockenen Zustand geruchlos, im feuchten bis nassen Zustand schlammig-tintig.

d) *Floristischer Aspekt:*

Im allgemeinen *üppige Sauerkleevegetation* (Tafel XIII – Abb. 2), der noch andere *nitrophile Schattenkräuter und Frischgräser* zugesellt sein können, wobei der Anteil dieser Kräuter mit dem Mischungsgrad geeigneter Laubbaumarten steigt und fällt. Hierbei ist *Oxalis* Anzeiger für lebhafte Arthropodenhumusbildung, während Schattenkräuter und Gräser auf Regenwurmeinfluß schließen lassen.

e) *Wurzeltyp:*

Der hochreichende anaerobe Einfluß zwingt die Forstgewächse zur Ausformung charakteristischer Wurzeltypen. *Fichten* entwickeln den Hauptteil ihrer Ernährungs- und Atmungswurzeln in jenem Teil des Humushorizontes, der vor Vernässung durch sauerstoffarmes Wasser im Durchschnitt verschont bleibt und damit in Berührung mit dem Sauerstoff der Luft steht (Tellerwurzelbildung). Die meisten übrigen Baumarten, wie im besonderen *Tanne* und *Rotbuche*, bilden von Jugend an zwei Wurzelkomplexe, und zwar einen flachstreichenden vornehmlich im Auflagehumushorizont und einen Tiefwurzelkomplex im Mineralboden.

VIII. Kombinierte Fäulnishumusbildung (kohlig-faseriger Fäulnishumus)

a) *Biologischer Charakter:*

Gedrosselte bzw. vorzeitig unterbundene aerob-zoogene Humusbildung mit nachfolgender *Kombination von Schwarz- und Rotfäule* kennzeichnet diese Humusbildung. Die *anaerobe Entwicklungsphase* setzt bereits im *Moderstadium* ein. Die *zoogenen Feinhumus-*

komplexe des Moders unterliegen, gleichwie bei der Schwarzfäule-humusbildung, der Schwarzfäule. Die *Roteteilchen des Moders* werden hingegen nur von außenher von der *Schwarzfäule* erfaßt, während die Innengewebe der *Rotfäule* ausgesetzt sind (Tafel XVI – Abb. 4).

b) *Biomorphologische Eigenart:*

Der Umstand, daß im Moder, also im aeroben Ausgangshumus für die anaerobe Humusfortentwicklung, neben zoogenen Fein-humuskomplexen, eine beachtliche Menge Rotesubstanz enthalten ist, schafft erweiterte Voraussetzungen für *Rotfäule*. Der *kohlig-faserige Fäulnishumus* stellt sich demnach als ein *Gemisch von Schwarzfäule- und Rotfäulekomplexen* dar. Diagnostisch ist zu beachten, daß die Rotfäulerestgewebe in der Regel durch die kohlig-schwarze Rindenschicht der Roteteilchen überdeckt sind und daher von außenher nicht gesehen werden können (Tafel XV – Abb. 2). Das Ausmaß der Rotfäule kommt erst im *Scharfschnitt-präparat* zum Ausdruck (Tafel XVI – Abb. 4). Die rotbraune Farbe der freigelegten, *ligninreichen Reste der Innengewebe* hebt sich vom Schwarz der *Feinhumusgrundsubstanz* deutlich ab. Letztere ist reich an *Schleimpilzsporozysten* und besitzt auch die übrigen charakteristi-schen Merkmale des Schwarzfäulehumus. *Pilzhyphen* sind nur vereinzelt und in geringen Mengen vorhanden. Ferner ist zu beachten, daß die Beimischung von Rotesubstanz eine *faserige Humusstruktur* ergibt, die dem Humus eine größere Widerstandskraft gegen Bildung von Rissen und Sprüngen verleiht. Profilmäßig unterscheidet sich der kohlig-faserige Fäulnishumus (Tafel XXIV – Abb. 2) vom kohlig-schmierigen durch einen in der Regel *mächtigeren Moderhorizont.*

c) *Humusgeruch:*

Übereinstimmend mit dem Geruch des Schwarzfäulehumus.

d) *Floristischer Aspekt:*

Vornehmlich in Fichten- und Kiefernbeständen auf anaerob-beeinflußten Standorten (Tafel XIV – Abb. 1); neben Oxalis in der Regel stärkeres Auftreten von Vaccinium myrtillus und Vertretern des sauren Feuchtmoostyps sowie saurer Gräser (Tafel XIV – Abb. 2).

e) *Wurzeltyp:*

Analog wie auf Standorten mit kohlig-schmierigem Fäulnishumus.

IX. Rotfäulehumusbildung (rotbrauner Fäulnishumus)

a) *Biologischer Charakter:*

Bei unterbundener bzw. weitgehend gedrosselter aerob-zoogener Humusbildung *auffallende Dominanz der Rotfäule gegenüber der*

Schwarzfäule. Die Unterbindung bzw. sehr starke Drosselung der aerob-zoogenen Humusentwicklungsphase kann ausgelöst werden entweder durch Abschirmung der Luftzufuhr in den Moderhorizont (verdichtete Streudecken bzw. geschlossene Moosdecken) (Tafel IX – Abb. 3) oder durch hochanstehende, periodisch wiederkehrende, anhaltende Humusvernässung. In beiden Fällen wird der Raum für aerob-zoogene Humusbildung auf ein belangloses Maß eingeschränkt.

Lumbriciden fehlen oder sie treten nur vereinzelt auf. *Arthropoden* sind in beachtlicher Zahl vorhanden. Ihr Einfluß auf Bildung echter Humusstoffe ist aber bedeutungslos. *Sporozysten der Schleimpilze* treten reichlich auf. Ein beherrschender Einfluß aerober Pilze ist nur in Einzelfällen gegeben und bleibt auf die oberste Humusschicht beschränkt (Tafel XXIV – Abb. 2).

b) *Biomorphologische Eigenart:*

Das *Humusprofil bei Rotfäulehumus* (Tafel XXIV – Abb. 2) unterscheidet sich sichtlich von den Profilen mit *schmierigem Fäulnishumus* bzw. mit *kombiniertem Fäulnishumus* durch die auffallend *rötlich-braune* Farbe der torfartig verdichteten, die morphologische Struktur noch deutlich aufweisende Humussubstanz.

Die *mikromorphologischen Humusuntersuchungen* ergaben folgende charakteristische Merkmale: Mengenmäßig treten Rotfäulehumuskomplexe weitaus in den Vordergrund. Die Schwarzfäule beschränkt sich im allgemeinen auf die Rindengewebe, die, bei weitgehender Erhaltung ihres morphologischen Aufbaues, von außenher einer Nachdunkelung unterliegen (Tafel XVIII – Abb. 3 und Tafel XIX – Abb. 1 und 3). Milbenkavernenfraß kommt häufig vor, es fehlt jedoch jedwede Nachdunkelung der Milbenexkremente (Tafel XVIII – Abb. 1 und 2, Tafel XIX – Abb. 1 und 4). Dies bestätigt die ökologische Bedeutungslosigkeit dieses Milbenfraßes. Im obersten Humushorizont häufig stärkeres Auftreten aerober Pilze.

Rotfauler Humus ist vielfach Ausgangsbasis für Sphagnumhumusbildung (Tafel XXIV – Abb. 1).

c) *Humusgeruch:*

Im allgemeinen ohne ausgesprochenen Geruch.

d) *Floristischer Aspekt:*

Man begegnet dieser Humusbildung vornehmlich in vaccinien- und moosreichen Mischwäldern von Kiefern, Birken, Aspen und anderen auf feucht-nassen Standorten auftretenden Baumarten und Sträuchern (Tafel XVII – Abb. 1). Die niedere lebende Waldbodendecke steht im Zeichen eines Vaccinien-Feuchtmoos-Typs mit örtlich aufkommenden Sphagnumpolstern (Tafel XVII – Abb. 2).

e) *Wurzeltyp:*

Der rotbraune Fäulnishumus ist (entsprechend seinem geringen ökologischen Wert) von typischen, *peitschenartigen Hungerwurzeln* durchzogen (Tafel XXIV – Abb. 2).

X. Abiologische Waldhumusbildung
(Sphagnum-Waldhumusbildung)

a) *Biologischer Charakter:*

Die biomorphologische Humusuntersuchung ließ die Sphagnum-Waldhumusbildung als eine *Kombination aerob-zoogener, anaerober und abiologischer Umsetzungsvorgänge* erkennen, wobei massenmäßig das Hauptgewicht auf die abiologische Entwicklung (Torfmoos-abfall) fällt.

Die *biologischen Umsetzungen* konzentrieren sich um die nur sporadisch und meist in Form kleiner Paketchen dem Torfmoos beigemischten, *verweslichen Bestandsabfälle* (Waldstreu).

Soweit sich diese Abfälle im *Einflußbereich des Luftsauerstoffes* befinden, unterliegen sie der *aerob-zoogenen Humusbildung.* An dieser Entwicklung, die im allgemeinen nur das Grobmoderstadium erreicht, sind vor allem *Milben* und *Springschwänze* beteiligt (Tafel XXI – Abb. 4). *Regenwürmer* fehlen oder sie treten nur sporadisch auf. Pilze sind im mäßigen Ausmaß vorhanden.

Im *anaeroben Bereich* unterliegen diese Abfälle der Fäulnis, und zwar: die in äußerst geringen Mengen vertretenen bereits *zoogen aufbereiteten Abfälle* werden von der *Schwarzfäule* und die mengenmäßig weitaus überwiegenden, *zoogen nicht aufbereiteten Substanzen* von der Rotfäule erfaßt. Im letztgenannten Fall konnte eine gewisse, *sekundäre Arthropodentätigkeit* festgestellt werden (Tafel XXII – Abb. 1 und 2, Tafel XXIII – Abb. 3). Pilze treten auch in diesem Raum in nur gemäßigtem Ausmaß auf. Bemerkenswert ist das örtlich *reichliche Vorkommen von Sporozysten der Schleimpilze,* die auf Humusvernässung schließen lassen (Tafel XXII – Abb. 3 und Tafel XXIII – Abb. 4).

b) *Biomorphologische Charakteristik:*

Das starke, mengenmäßige Übergewicht des Torfmoosabfalls gegenüber dem Abfall aus dem Waldbestand (Waldstreu) und der im allgemeinen gut erhaltene morphologische Aufbau der weißlich gefärbten Abfallsubstanz des Torfmooses (Tafel XXXVII – Abb. 1 und 2, Tafel XXI – Abb. 2) lassen diesen Waldhumustyp leicht erkennen.

Dem *torfartig verdichteten Sphagnumabfall* sind mehr oder weniger sporadisch beigemischt: im *obersten, aerob beeinflußten Horizont* Moderpaketchen mit nachgedunkelten Arthropodenexkrementen (Tafel XXI – Abb. 4), im *nach unten folgenden anaeroben Bereich*

Rotfäulehumuskomplexe bzw. Rotfäuleeinzelteilchen mit örtlich auftretenden rotbraunen, rotbraun-weiß gefleckten und weißlichen Arthropoden- (vornehmlich Milben-) Exkrementen (Tafel XXII – Abb. 1, 2 und 3, Tafel XXIII – Abb. 1, 3 und 4), die keinerlei Nachdunkelung aufweisen.

Das *Staubpräparat* (Tafel XXIII – Abb. 2) bestätigt diese wesentlichen Merkmale dieses Waldhumustyps in ausgezeichneter Weise.

c) *Humusgeruch:*

Im allgemeinen geruchlos.

d) *Floristischer Aspekt:*

Üppige, geschlossene Sphagnum-(Torfmoos-)Vegetation, die von Vertretern des sauren, moosreichen Zwergstrauchtyps (Vaccinien-Rhododendron ferrugineum-Ledum-Moostyp) mehr oder weniger durchsetzt sein kann (Tafel XXI – Abb. 3).

e) *Wurzeltyp:*

Die ökologische Minderwertigkeit des Sphagnum-Waldhumus führt zwangsläufig zur Entwicklung *langgestreckter, peitschenartiger Hungerwurzeln.* Das verhältnismäßig rasche Anwachsen des Torfmooses veranlaßt zur Bildung von *Adventivwurzeln* in der vom Torfmoos erfaßten Schaftzone, während der Tiefwurzelkomplex einem *fortschreitenden Abbau* unterliegt (Tafel XXI – Abb. 1, Tafel XXXVIII – Abb. 1 und 2, Tafel XXXIX – Abb. 1 und 2).

Es wurde in diesem Bestimmungsschlüssel eine verhältnismäßig große Zahl leicht feststellbarer Indikatoren herausgehoben, um die Erstellung von Humusdiagnosen zu erleichtern und um der Praxis eine Auswahl unter den Bestimmungsmerkmalen zu bieten. Dies trifft im besonderen für die zahlenmäßig hervortretenden, biomorphologischen Kennzeichen zu. Es sei da auf die große diagnostische Brauchbarkeit der *Hack-* und *Staubpräparate* hingewiesen. Tafel XXV demonstriert in augenfälliger Weise die durch Gegenüberstellung dieser Präparate erreichbare Vereinfachung der Waldhumusdiagnosen. Es können aus den Hack- und Staubpräparaten (die Kenntnis der vorhergehend aufgezeigten biologischen und biomorphologischen Eigenart der einzelnen Waldhumusbildungen vorausgesetzt) in den meisten Fällen Eigenart und Zustand des Waldhumus in einem Maße herausgelesen werden, das, wie die Praxis lehrt, für forstliche Zwecke ausreicht.

Dazu kommt, daß für diese Art der Waldhumusdiagnosen, von einem Handmikroskop bzw. von einer starken Lupe abgesehen, nur einfachste, jedem Forstmann zur Verfügung stehende Behelfe benötigt werden. Die notwendige Erweiterung der Kenntnisse über Waldhumus sollte (angesichts der großen Bedeutung des Humus im Lebenshaushalt des Waldes) in der Forstwirtschaft als Forderung des Fortschrittes erkannt und allgemein anerkannt werden.

D. Über die Bedeutung richtiger Waldhumusdiagnosen

Bei der Beurteilung der Bedeutung von Waldhumusdiagnosen ist es angebracht, vom Einfluß des Humus auf den Lebenshaushalt des Waldes auszugehen, da sich aus dieser ökologischen Funktion des Humus Zweckmäßigkeit und Wert der Humusdiagnosen ergeben.

In der Forstwirtschaft treten jene physikalischen, chemischen und biologischen Auswirkungen des Humus in den Vordergrund, die auf die hauptsächlichen Vorgänge im Nährstoffhaushalt des Waldes weitgehenden Einfluß nehmen, das sind der sogenannte *„kleine biologische Stoffkreislauf"* (R. V. VILJAMS – 49) und die *„biologische Nährstoffakkumulation"* (F. HARTMANN – 52, 63). Denn auf diesen beiden Vorgängen baut sich, wie im folgenden an Hand wissenschaftlicher Erkenntnisse aufgezeigt wird, die laufende Nährstoffversorgung des Waldes in der Hauptsache auf (F. HARTMANN – 59).

1. Der biologische Nährstoffkreislauf

Die entscheidende Bedeutung dieses Kreislaufes bzw. Umlaufes für die Ernährung des Waldes ist allgemein bekannt. E. EHWALD (55) unterstreicht die Wichtigkeit des physiologischen Stofftransportes im Walde. G. MITSCHERLICH und W. WITTICH (58) bringen die Bedeutung des biologischen Kreislaufes mit folgenden Worten zum Ausdruck: „Während die Landwirtschaft zum Ersatz der laufenden in großen Mengen entzogenen Nährstoffe eine regelmäßige mineralische Düngung nötig hat, ist im Walde eine lange nachwirkende Erhöhung des Nährstoffspiegels möglich, weil sich die zugeführten Mineralstoffe bei geringerem Entzug zu einem wesentlichen Teil im biologischen Kreislauf erhalten." K. M. SMIRNOWA (51) hat an einem 93jährigen Fichtenbestand II. Bonität und an einem 83jährigen Fichtenwald I. Bonität, und A. L. PARSCHEWNIKOW (60) an einem 110jährigen und an einem 130jährigen Fichtenbestand IV. Bonität festgestellt, daß von den aus dem Boden bezogenen Nährstoffen (N, CaO, MgO, K_2O, P_2O_5) im Durchschnitt 80 bis 90% im Umlauf verbleiben, und zwar unbeschadet der Bonitätsunterschiede. Im Eichenwald gelangen nach S. W. SONN (60) innerhalb einer Zeitdauer von 100 Jahren fast zehnmal soviel Aschenbestandteile in den Boden zurück als wie in einem Astmoos-Fichtenwald.

Diese Ziffern sprechen für die überragende Bedeutung des Nährstoffkreislaufes im Nährstoffhaushalt des Waldes. R. V. Viljams (49) sieht im kleinen biologischen Stoffkreislauf einen geradezu entscheidenden Teilvorgang bei der Waldbodenbildung.

2. Die biologische Nährstoffakkumulation

Für das Vorwalten einer Nährstoffakkumulation in Waldböden liegen in hinlänglichem und eindrucksvollem Maß Bestätigungen vor.

Viljams (49) spricht von einer Anreicherung des Oberbodens nicht nur mit kohlenstoff- und stickstoffhaltigen Substanzen, sondern auch mit Stoffen, die aus der Lithosphäre stammen. Verfasser (F. Hartmann – 52) hat in seiner „Forstökologie" auf die Bedeutung der Entwicklung *physiologischer Anreicherungshorizonte* in Waldböden hingewiesen. Diese Auffassung löste neben vielen Zustimmungen vereinzelt auch Ablehnungen aus, wobei man sich bei letzteren auf die hohe Nährstoffauswaschung in unseren Klimaten stützt, ohne die ausgleichende bzw. übertönende Wirkung des biologischen Nährstoffumlaufes einschließlich biologischer Nährstoffakkumulation zu berücksichtigen. S. W. Sonn (60) schreibt: „Noch vor gar nicht langer Zeit waren manche Bodenkundler der Ansicht, daß die Waldvegetation überall zur Auslaugung und Podsolierung der Böden und folglich zu ihrer Verschlechterung beiträgt. Heute wissen wir aber, daß der Einfluß der Waldvegetation auf die Böden sehr vielseitig ist und mit der Veränderung der natürlichen Bodenbildungsbedingungen sowie der Vegetationsentwicklung in Zusammenhang steht. Unter gewissen Bedingungen werden die waldbedeckten Böden tatsächlich ausgelaugt und podsoliert, unter anderem aber, ganz im Gegenteil, in waldbedeckten Böden *mineralische und organische Substanzen angereichert*, und infolgedessen tritt eine Verbesserung der Bodeneigenschaften ein." An anderer Stelle schreibt derselbe Autor: „Eine Verarmung und Podsolierung der Böden erfolgt als Ergebnis ungünstiger klimatischer Bedingungen für die Zersetzung der organischen Substanz", also bei ungünstigen Waldhumusentwicklungen. S. W. Sonn weist demnach auf die Nährstoffanreicherungen hin, die bei günstigen Humusverhältnissen in Waldböden in Erscheinung treten. Diese Feststellung stützt sich im wesentlichen auf die vorgenannten einschlägigen Untersuchungen von G. F. Morosow, W. N. Sukatschew, K. M. Smirnowa und A. L. Parschewnikow.

Entscheidende Beweise für das Bestehen von Nährstoffakkumulationen in gesunden Waldböden bringt der Wald selbst. Es ist allgemein bekannt, daß sich auch auf *nährstoffarmen* geologischen Ausgangssubstraten für Waldbodenbildung (günstige klimatische und biologische Verhältnisse vorausgesetzt) hervorragende Waldbestände zu entwickeln vermögen, und zwar trotz jahrtausendlanger Waldbedeckung des Bodens und bei weitzurückreichender pfleglicher Waldbewirtschaftung. Es wurden selbst auf armen Sandböden unter 500- bis 2000jährigen Urwaldriesen mit 80 bis 120 m Baumhöhe und mehreren Metern Stammdurchmesser (Tafel XLI – Abb. 1) im *durchwurzelten* Bodenraum beachtliche Nährstoffanreicherungen festgestellt und dies trotz der für Leben und Aufbau dieser Baumriesen aufgebrauchten Nährstoffe. Würde man in derartigen Fällen die Ernährungslage des Waldes nach landwirtschaftlichen Gesichtspunkten beurteilen, also auf der Relation „Nährstoffvorrat im Boden und Nährstoffbezug des Waldes aus dem Boden", dann müßte man, mit Bezugnahme auf die einschlägigen Untersuchungsergebnisse von DICKSON und CROCKER, auf Erschöpfungserscheinungen in diesen Böden schließen. In Wirklichkeit trifft das Gegenteil zu. Daraus folgt der zwingende Schluß, daß sich der Nährstoffhaushalt in Waldböden nach besonderen, waldeigenen Gesetzen abwickelt, wobei man einen akkumulierenden Einfluß in Betracht ziehen müßte.

Verfasser (F. HARTMANN – 59, 60, 61 und 63) hat an Hand von über 60 Profilanalysen unterschiedlichster Waldböden verschiedenartigster Wuchsgebiete, Standorte, Standorts- und Waldzustände aufgezeigt, daß in jedem Waldboden die Tendenz zur Entwicklung von Nährstoffakkumulationen besteht, und zwar gleichgültig ob es sich um Urwald, naturnahen Wirtschaftswald oder standortswidrigen Plantagenwald handelt. Aus diesen Waldbodenanalysen, deren Zahl beliebig erweitert werden könnte, geht ausnahmslos hervor, daß sich unter *wüchsigen* Waldbeständen (optimale Humusverhältnisse vorausgesetzt) *mit Nährstoffen angereicherte Böden* entwickeln, sofern die Ausgangsböden kein physiologisches Übergewicht an betreffenden Nährstoffen (z. B. Kalk, Magnesia u. dgl.) aufweisen. Weiters ist aus den Analysen zu entnehmen, daß jeder Waldbestand seine eigene, dem Standort angepaßte und vom ökologischen Wert des Bestandes weitgehend bestimmte Nährstoffakkumulation im Boden auslöst. Auf jede Abnahme der ökologischen Eignung der Waldformation folgt verhältnismäßig rasch eine entsprechende Drosselung der Nährstoffakkumulation.

Diese Analysen erbrachten demnach die ziffernmäßige Bestätigung für die Entwicklung von Nährstoffakkumulationen in Waldböden und für den großen biotischen Einfluß des Waldes auf diese Akkumulationen.

Zwischen den beiden vorgenannten Vorgängen (biologischer Nährstoffkreislauf und biologische Nährstoffakkumulation) bestehen ökologisch abgewogene Beziehungen. Hier gilt als Leitmotiv der bekannte von GAYER geprägte Satz: „In der Harmonie aller im Walde wirkenden Kräfte liegt das Rätsel der Produktion." Nach SONN (60) liegen „Entwicklungsgesetze des Waldes" vor, innerhalb welcher dem Boden ein bedeutender Platz gebührt. Verfasser (F. HARTMANN – 60, 63) spricht von den Grundgesetzen der Lebensraum- und Lebenshaushaltsgestaltung des Waldes bzw., in Anlehnung an W. W. DOKUTSCHAJEW, von *biogeozönotischen Gesetzmäßigkeiten.*

G. F. MOROSOW hebt hervor, daß der gesamte Chemismus der Waldböden, soweit er durch den Wald bedingt ist, hauptsächlich auf den Eigenschaften der Waldhumusdecke und auf ihrer Zersetzung beruhe. Dies gilt im besonderen Maße für den biologischen Nährstoffkreislauf im Walde und für die biologische Nährstoffakkumulation im Waldboden. *Dem Humuszustand kommt hier eine entscheidende,*

modifizierende Bedeutung zu. Dies ist vor allem darin begründet, daß
der Humus, worauf schon V. T. AALTONEN (48) hingewiesen hat, „der
Hauptträger der löslichen Stoffe in Waldböden ist" und daß die im Humus
enthaltenen bzw. festgehaltenen Nährstoffe, wie C. D. CHIRITA (31)
bestätigte, jene in Mineralböden nach Menge und Löslichkeit übertreffen.
Dazu kommt noch, daß guter, tätiger Humus ein wichtiger Träger des
Bodenlebens und damit der Bodenfruchtbarkeit ist und daß er weiters
die Geschwindigkeit des Nährstoffkreislaufes fördert und so den Nutz-
effekt der im Umlauf befindlichen Nährstoffe hebt. Weiters ist hervorzuheben, daß bei Gegenwart von gutem Humus die akkumulierten
Nährstoffe für die Auffüllung des Nährstoffumlaufes in standörtlich
optimalem Maße und in faßbarem Zustand bereitstehen, wobei die
Überführung dieser Nährstoffe in den Kreislauf bei verhältnismäßig
geringsten Auswaschungsverlusten möglich ist.

Aus alldem ist verständlich und durch vorgenannte Untersuchungen
bestätigt, daß sich bei optimalen Humusverhältnissen in Waldböden
aktive Nährstoffbilanzen einstellen, während ungünstige Humusentwicklungen, wie ebenfalls zahlreiche Bodenanalysen erwiesen haben (F. HART-
MANN – 63), zu empfindlichen und verhältnismäßig rasch fortschreitenden
Drosselungen sowohl im Nährstoffumlauf als auch in der Nährstoffakkumulation führen und damit *passive Nährstoffbilanzen* in Waldböden
ergeben.

*Wir erkennen demnach im Waldhumuszustand ein wichtiges Kriterium
für das Ansprechen der Ernährungslage des Waldes. Wenn man noch
in Betracht zieht, daß sich die Waldhumusformation als ein Engpaß im
biologischen Nährstoffkreislauf erweist, dann wird die überragende Bedeutung
richtiger Waldhumusdiagnosen für die Forstwirtschaft offenkundig.*

E. EHWALD (56) sagt hierzu: „Daß ein besseres Verständnis der
Entstehungsbedingungen und Entstehungsvorgänge der Waldhumusformen zu Erfolgen im praktischen Waldbau führen muß, steht außer
Zweifel, denn einerseits läßt sich die Auswirkung waldbaulicher Maßnahmen auf die Bodenfruchtbarkeitsgrade am Humuszustand am besten
erfassen, zum anderen wissen wir, daß der Humuszustand die Ertrags-
leistungen entscheidend bestimmt." Waldbodensanierungen und Waldbau-
planungen, vor allem Maßnahmen der Begründung, Erziehung und
Pflege von Waldkulturen, sowie Standortszustandserfassungen und
forstliche Standortskartierungen, können im allgemeinen nur auf der
Grundlage ausreichender, die Eigenart und den Zustand des Waldhumus
erfassende Diagnosen eine ökologisch und damit wirtschaftlich richtige
Lösung finden.

Eine grundsätzliche Voraussetzung hierfür ist eine *ausreichende
Differenzierung der Waldhumusbildungen und eine Aufgliederung der-
selben in normal-natürliche und pathologische Zustände.* Wie aus dem
Inhalt dieses Buches entnommen werden kann, wird in demselben diese
Ausrichtung prinzipiell verfolgt. Die vor allem in der forstlichen
Praxis, aber auch in der Wissenschaft noch immer anzutreffende
Aufgliederung des Waldhumus in „Mull", „Moder" und „Rohhumus"

genügt hier nicht. Dies wurde unter anderem auch von der um die Mitte dieses Jahrhunderts angelaufenen *Waldkalkungsaktion* bestätigt.

Die damals durchgeführten Waldkalkungen brachten, wie der erfahrene Kalkdüngungspraktiker TRÜMPER wörtlich ausspricht, „neben vollen Erfolgen vollständige Mißerfolge, begründet allein in der verkehrten Anwendung". Die Überlegung, daß sich die Waldkalkung im besonderen als ein Problem der *Waldhumusverbesserung* darstellt und daß demnach die Waldkalkung systematisch nur dann einer ausreichenden Lösung zugeführt werden kann, wenn *Eigenart und Zustand des Waldhumus* im notwendigen Maße Berücksichtigung finden, veranlaßte den Verfasser dieses Buches schon 1951 zur Anlage von *Waldkalkungsversuchsreihen*. Bei diesen wurden die vom Verfasser herausgestellten Grundtypen der Waldhumusbildung (Lumbricidenhumus, Arthropodenhumus, aerober Pilzhumus, Sphagnumhumus) entsprechend berücksichtigt. Diese Versuche haben nach zehnjähriger Laufzeit aufgezeigt, wie unterschiedlich die Auswirkung der Waldkalkung je nach Ausgangszustand des Waldhumus sein kann und wie notwendig daher eine ausreichende Differenzierung der Waldhumusbildungen ist, um die Forstwirtschaft vor kostspieligen Fehlschlägen zu bewahren (F. HARTMANN – 60).

An dieser Stelle darf nochmals auf die besondere Eignung des biomorphologischen Weges für das Ansprechen der Waldhumustypen und für die Aufgliederung derselben in normal-natürliche und pathologische Zustände hingewiesen werden. Hierbei hat sich die bildmäßige Darstellung der hauptsächlichen Merkmale dieser Humusbildungen, namentlich für die praktische Erstellung von Waldhumusdiagnosen, besonders bewährt.

Neben den vorstehend besprochenen Auswirkungen des Humus, die den Nährstoffhaushalt des Waldes betreffen, sind noch jene hervorzuheben, die auf die Entwicklung der *bodenklimatischen*, im besonderen der *bodenhydrologischen Verhältnisse* entscheidenden Einfluß nehmen. Es ist allgemein bekannt, daß guter, feinst zerteilter, tätiger Humus zur Entwicklung optimaler Wasserverhältnisse im Boden wesentlich beiträgt, während schlechter, gering zerteilter und verdichteter Humus extreme Entwicklungen begünstigt. TAMM und WADMAN (45) erkannten in Nordschweden die Wasserverhältnisse im Boden als den dominierenden Standortsfaktor. Verfasser hat auf die bonitätsentscheidende Bedeutung der Wasserführung des Bodens bei forstlichen Standorten hingewiesen (F. HARTMANN – 60). Den Waldhumusdiagnosen kommt auch von diesem Gesichtspunkt große Bedeutung zu, die weit über rein forstliche Interessen hinausreicht. Man denke an den ausgleichenden Einfluß des guten Humus auf die Wasserführung von Quellen und offenen Gewässern, während ungünstige Humusverhältnisse (z. B. dichtgelagerte und verpilzte Streu- und Humusdecken unter standortswidrigen Waldbeständen) in oft entscheidendem Maße verantwortlich sind für das gebietsweise zunehmende Auftreten von Hochwässern, Vermurungen u. dgl. einerseits und von periodischen Austrocknungen der Fischwässer u. dgl. anderseits. Die Waldhumusdiagnosen erreichen hier entscheidende Bedeutung für Volkswirtschaft und Volkswohlfahrt.

Schrifttum

AALTONEN, V. T.: Boden und Wald. Berlin: Parey (1948).

ALBERT, R.: Die Bezeichnung der Humusformen des Waldbodens. Forstarchiv (1929).

BLANCK und GIESECKE: Über den Einfluß des Regenwurmes auf die physikalischen und chemischen Eigenschaften des Bodens. Z. Pflanzenernährung, Düngung u. Bodenk., Bd. 3 (1924).

BORNEBUSCH, C. H.: Das Tierleben der Waldböden. Forstw. Zbl., Bd. 76 (1932).

BORNEBUSCH und HEIBERG: Vorschlag für die Benennung der Waldhumusdecke. Verh. 3. internat. bodenkundl. Kongreß Oxford, Bd. 3 (1935, 1936).

BÜHLER, A.: Der Waldbau, Bd. 1 (1918).

CHIRITA, C. D.: Untersuchungen über den Nährstoffgehalt der Waldhumusauflagen unter Berücksichtigung der mineralischen Unterlage und Betrachtungen über ihre Bedeutung für die Ertragsfähigkeit der Waldböden. Forstw. Centralblatt 53, Berlin (1931).

DARWIN, CH.: Die Bildung der Ackererde durch die Tätigkeit der Würmer. Stuttgart (1882).

DUCHAUFOUR, P.: Précis de Pédologie. Paris: Masson & Co. (1960).

EATON und CHANDLER: The fauna of the forest humus layers in New York. Cornell Agr. Exp. Sta., Memoir 247 (1942).

EHWALD, E.: Über einige Grundfragen der bodenkundlichen Forschung. Deutsche Akademie der Landwirtschaftswissenschaften zu Berlin, Sitzungsberichte (1955).

— Über einige Probleme der forstlichen Humusforschung insbesondere die Entstehung und die Einteilung der Waldhumusformen. Deutsche Akademie der Landwirtschaftswissenschaften zu Berlin, Berichte (1956).

ERDMANN, F.: Die Humusformen des Waldbodens. Forstarchiv (1926).

FEHÉR und BOKOR: Untersuchungen über einige wichtige biologische Eigenschaften der solonecartigen Alkaliböden (Szikböden) der Hortobágyer Steppe mit Rücksicht auf ihre Fruchtbarmachung. Mathem. u. naturwiss. Ber. aus Ungarn, Bd. 38 (1931).

FRANZ, H.: Untersuchungen über die Bedeutung der Bodentiere für die Erhaltung und Steigerung der Bodenfruchtbarkeit. Forschungsdienst, Organ d. dtsch. Landwirtschaftswissensch., Bd. 13 (1942).

— Feldbodenkunde. Wien: Fromme (1960).

FRANZ, H., und L. LEITENBERGER: Biologisch-chemische Untersuchungen über Humusbildung durch Bodentiere. Österr. Zoolog. Z., Bd. 1 (1948).

HARTMANN, F.: Die Fichtenwirtschaft auf ebenen Lehmgebieten der Oststeiermark. Cbl. f. d. g. Fw., H. 1/2 u. 3/4 (1927).

— Naturverjüngung des Waldes auf ökologischer Grundlage im Hochmoorwaldgebiet von Fürstenfeld (Steiermark). Cbl. f. d. g. Fw. (1934).

— Waldhumusformen. Z. f. d. g. Fw., H. 1/6 (1944).

— Forstökologie. Wien: Fromme (1952).

HARTMANN, F.: Grundsätzliches über Standortskartierung nach forstökologischen Standortstypen. Allg. Forstztg., Wien (1952).
— Die forstliche Standortslehre im Sinne waldgerechter Beurteilung. Allg. Forstztg., Wien (1959).
Dynamik und Naturgesetzlichkeit im Nährstoffhaushalt des Waldes. Cbl. f. d. Fw. (1959)
— Dynamik und Naturgesetzlichkeit im Nährstoffhaushalt des Waldes. II. Teil. Cbl. f. d. g. Fw. (1960).
— Forstliche Standortskartierung auf naturgesetzlicher Grundlage. Allg. Forstztg., F. 17/18 (1960).
— Vorläufige Ergebnisse einiger Waldkalkungsversuche in Österreich. Allg. Forstztg., F. 3/4 (1960).
— Grundsätzliches zum Problem der Walderernährung. Allg. Forstztg., Wien, H. 1/2 (1961).
— Zur Frage der Nährstoffbilanz im Waldboden. Allg. Forstztg., Wien, F. 7/8 (1963).
— Criteri fondamentali per la Cartografia delle Stazioni forestali. Monti e Boschi. Padova, 1 (1964).
HEIBERG, S. O.: Nomenklature of forest humus layers. J. Forestry 35, 36—39 (1937).
HENSEN, V.: Die Tätigkeit des Regenwurmes für die Fruchtbarkeit des Erdbodens. Z. wiss. Zool., Bd. 28, Leipzig (1877).
HESSELMAN, H.: Studien über die Humusdecke des Nadelwaldes. Meddelanden fran Statens Skogsförökanstalt (1926).
HEYMONS, R.: Der Einfluß der Regenwürmer auf Beschaffenheit und Ertragsfähigkeit des Bodens. Z. Pflanzenernährung u. Düngung (1923).
HOOVER, M. D., und H. A. LUNT: A key for the classification of forest humus types. Soil Sci. Sec. Amerika, Proc. 16 (1952).
JONSTON, zit. nach AALTONEN: Boden u. Wald. Parey (1948).
KLUG, E.: Versuch einer Charakterisierung von Waldhumusböden auf Grund ihrer Mesofauna. Österr. Stickstoffwerke A. G. Linz (1961).
KOBERG, H.: Untersuchung über chemische und morphologische Charakterisierbarkeit verschiedener Waldhumustypen. Dissert.-Arbeit, Hochschule f. Bodenkultur, Wien (1962).
KOX, E.: Der durch Pilze und aerobe Bakterien veranlaßte Pectin- und Cellulose-Abbau im Hochmoor unter besonderer Berücksichtigung des Sphagnum-Abbaues. Archiv f. Mikrobiologie 20 (1954).
KUBIENA, W.: Über das Elementargefüge des Bodens. Bodenkundl. Forschungen, Bd. 4 (1935).
— Entwicklungslehre des Bodens. Wien: Springer-Verlag (1948).
— Bestimmungsbuch und Systematik der Böden Europas. Stuttgart (1953).
KÜHNELT, W.: Bodenbiologie. Wien: Gerold (1950).
LAATSCH, W.: Dynamik der deutschen Acker- und Waldböden. Dresden-Leipzig: Steinkopf (1938).
— Dynamik der deutschen Acker- und Waldböden. Dresden-Leipzig: Steinkopf (1944).
— Untersuchungen über die Bildung und Anreicherung von Humusstoffen. Beitr. z. Agrarwiss. (1948).
— Dynamik der mitteleuropäischen Mineralböden, 4. Aufl. Dresden-Leipzig (1957).
LAFOND, zit. nach P. DUCHAUFOUR: Précis de Pédologie. Paris: Masson & Co. (1960).

Lang, R.: Die Forstliche Standortslehre. Berlin: Parey (1926).

Leinigen, W.: Humusablagerungen in den Kalkalpen. Naturw. Z. f. Forstw. und Landw. (1908 u. 1909).

— Humusablagerungen in den Zentralalpen. Naturw. Z. f. Forstw. und Landw. (1912).

Lindquist, B.: Experimentelle Untersuchung über die Bedeutung einiger Landmollusken für die Zersetzung der Waldstreu. Kgl. Fysiografiska Sälskapets i Lund Förhandlinges, Lund, Bd. 11 (1941).

Manil, G.: Aspects pédologiques du problème de la classification des sols forestiers. Pédologie 9, 214—226 (1959).

Meyer, L.: Bodenkunde und Pflanzenernährung. Bd. 29 (1943).

Mitscherlich, G., und W. Wittich: Düngungsversuche in älteren Beständen Badens. Allg. Forst- u. Jagdztg., 128. Jg., 1958, 8/9.

Müller, P. E.: Studier over Skovjord, som Bidrag til Skovdyrkningens Theorie. I. Om Bogemulod og Bogemor paa Sand og Ler, Tidskr. f. Skoovbrug 3 (1879).

— Studium über die natürlichen Humusformen. Berlin: Springer-Verlag (1887).

Parschewnikow, A. L., zit. nach S. W. Sonn: Der Einfluß des Waldes auf die Böden. Jena: G. Fischer (1960).

Puchner, H.: Bodenkunde für Landwirte. Stuttgart (1923).

Ramann, E.: Forstliche Bodenkunde und Standortslehre. Berlin (1893).

— Bodenkunde (1905 u. 1911).

— Anzahl und Bedeutung der niederen Organismen in Wald- und Moorböden. Z. f. Forstw. u. Jagd (1899).

Romell, L. G., und S. O. Heiberg: Ecology. Bd. 12 (1931).

Russel, J.: Boden und Pflanze, 2. Aufl. (1936).

Scheffer, F., und B. Ulrich: Humus und Humusdüngung, 1. Band. Stuttgart: Enke (1960).

Smirnowa, K. M.: Der Kreislauf des Stickstoffs und der Aschenbestandteile in Fichtenwäldern. Nachrichten d. Staatl. Universität Moskau, Nr. 10 (1951).

— Der Kreislauf des Stickstoffs und der Aschenbestandteile im Astmoos-Fichtenwald. Nachrichten d. Staatl. Universität Moskau, Nr. 3 (1951).

Sonn, S. W.: Der Einfluß des Waldes auf die Böden. Jena: G. Fischer (1960).

Stebutt, A.: Lehrbuch der allgemeinen Bodenkunde. Berlin (1930).

Tamm, O., und E. Wadman: Om skogens naturliga betingelser i Hamra revir. Svenska Skogsvardsfören T. 43 (1945).

Tschermak, L.: Alpenhumus. Zbl. f. d. ges. Forstw. (1921).

Vereinigung Nordischer Landwirtschaftsforscher (1929), zit. nach Aaltonen, V. T.: Boden und Wald. Parey (1948).

Viljams, R. V.: Bodenkunde. Moskau (1949).

Waksman, S. A.: Soil Mikrobiology. New York (1952).

Waksman, S. A., und E. R. Purvis: The microbiological population of peat. Soil Sci. 34, 95—113 (1932).

Wiken, T.: Über die Physiologie einiger Mikroorganismen mit besonderer Berücksichtigung der Bedeutung der experimentellen Mikrobiologie für das Verständnis der Umsetzungen der organischen Stoffe im Boden. Z. Pflanzenernährung, Düngung u. Bodenkunde 69 (1955).

Wilde, S. A.: Bodenkunde. Hamburg-Berlin: Parey (1962).

Wittich, W.: Der heutige Stand unseres Wissens vom Humus und neue Wege zur Lösung des Rohhumusproblems im Walde (1952).

Zonn, S. V.: Der Einfluß des Waldes auf die Böden. Verlag Akad. Wiss. UdSSR, Moskau (1954).

Autorenverzeichnis

Bildtafeln

Tafel I

Abb. 1: *Finnischer Birkenwald* mit Regenwurmhumus unter Rasendecke

Abb. 2: *Ulmen-Linden-Eichen-Urwald* (Wisconsin, USA) mit Strauch-
formation und nitrophiler Schattenkräuterformation als Voraussetzung für
lebhafte Regenwurmhumusbildung

Tafel I

Tafel II

Abb. 1: *Nitrophiler Schattenkräutertyp* kennzeichnend für Regenwurmhumusbildung

Abb. 2: *Dünnschliff benachbart gelagerter Regenwurmkotteilchen* (Mikrodurchlichtbild 150 ×): Die verschiedene Färbung der Kotteilchen läßt auf
bodenmischende und bodenbearbeitende Tätigkeit der Regenwürmer schließen
(mosaikartiges Bodengefüge)

Abb. 3: *Laubstreumoder:* Skelettierte Laubstreu mit abgelagerten, nachgedunkelten Arthropodenhumusteilchen (Bildmitte)

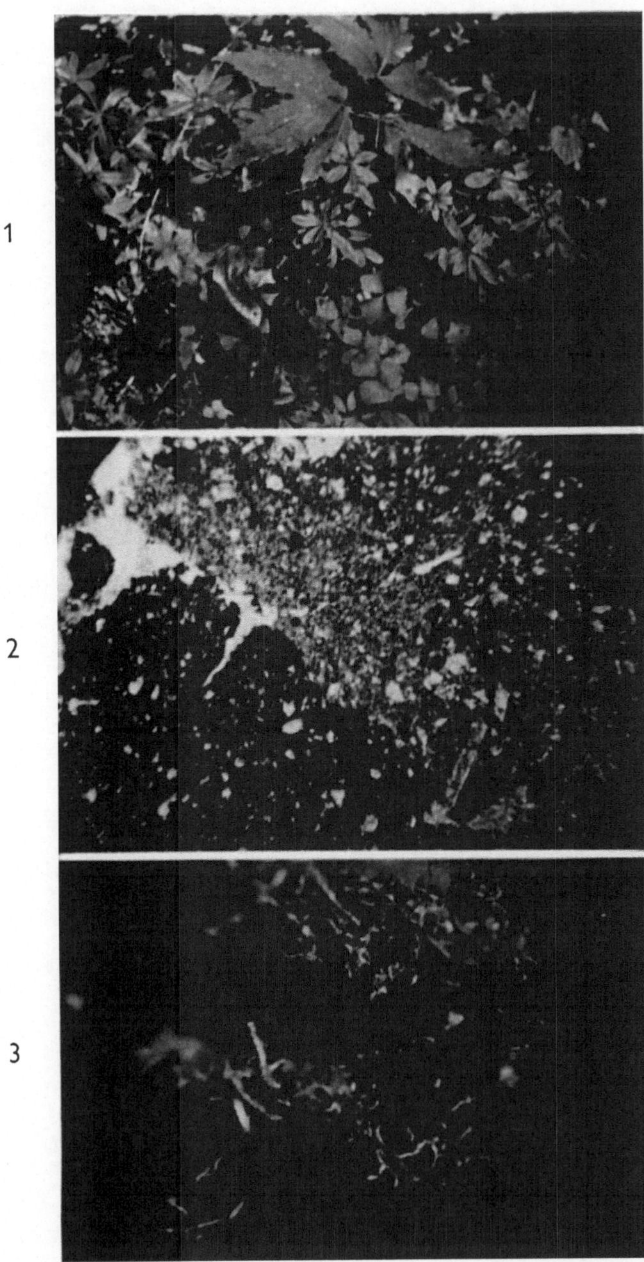

1

2

3

Tafel II

Tafel III

Tafel IV

Abb. 1: *Arthropodenfeinmoder* (Mikroauflichtbild 75 ×): Roteteilchen reichlich
vermischt mit locker gelagerten, krümeligen, stark nachgedunkelten
Arthropodenfeinhumuskomplexen; mäßig von Pilzhyphen durchzogen

Abb. 2: *Arthropodenfeinmoder* — Staubpräparat (Mikroauflichtbild 75 ×):
Gemisch von hellbraunen bis stark nachgedunkelten, eiförmig-zylindrischen
Milbenkotteilchen mit stark nachgedunkelten Humuskrümeln verschiedener
Gestalt (kogrophage Humusteilchen) und mit Bruchstücken von Rote-
substanz; im oberen Teil des Bildes ist eine Protozoenzyste als perlenartiges
Gebilde zu erkennen

Abb. 3: *Arthropodengrobmoder* — Dünnschliff (Mikrodurchlichtbild 75 ×):
Lebhafter Milbenkavernenfraß an Nadelstreuteilchen; mit zunehmendem
Alter der eiförmig-zylindrischen Milbenkotteilchen deutliche Nachdunkelung
der Exkremente und Verklebung derselben zu Humuskrümeln

Abb. 4: *Arthropodengrobmoder* — Dünnschliff (Mikrodurchlichtbild 75 ×):
Frischer und älterer (stark nachgedunkelter) Milbenkavernenfraß mit bereits
geöffneten Kavernen (Übergangsstadium zum Feinmoder)

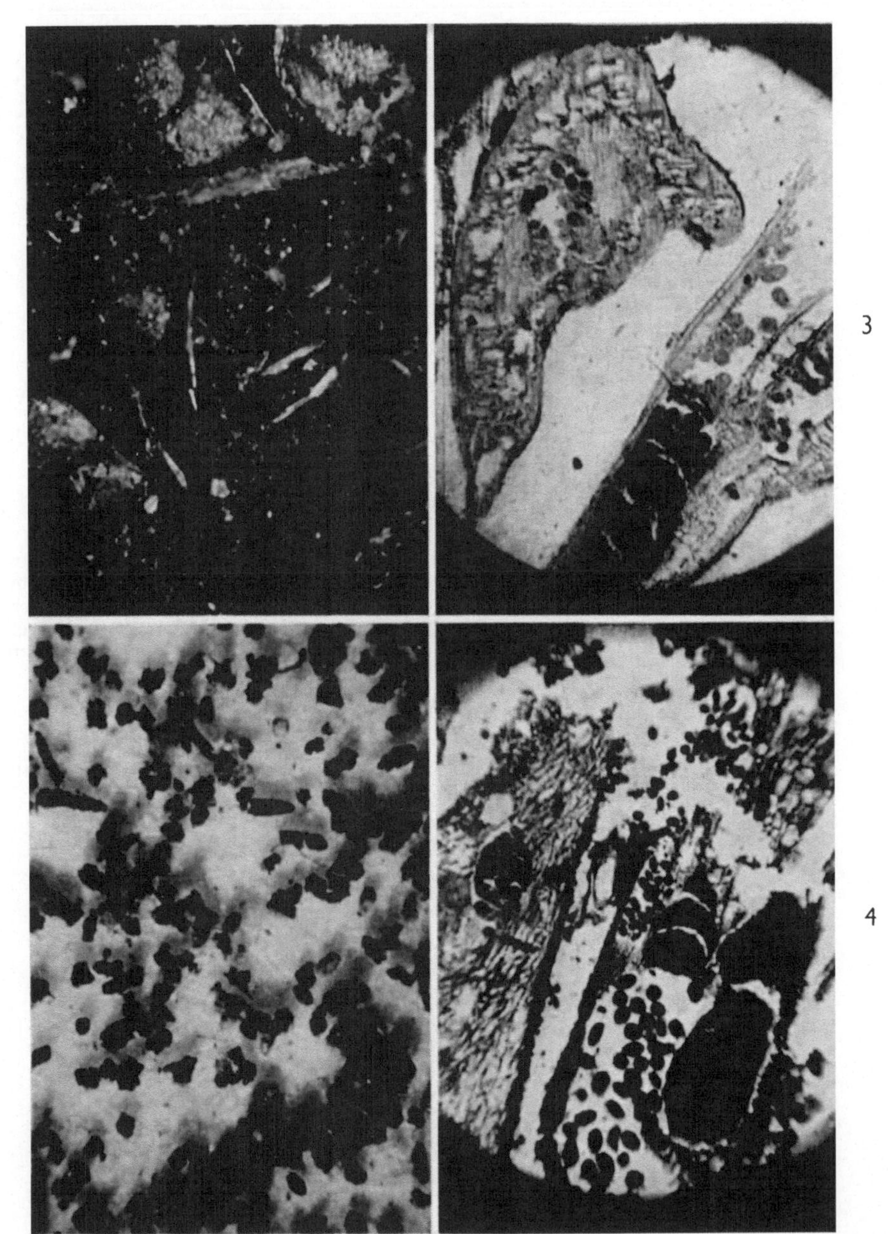

Tafel IV

Tafel V

Abb. 1:

Arthropodenmull (Feinmull, Insektenmull) (Mikroauflichtbild 75×): In der Hauptmasse stark nachgedunkelter, krümeliger und lockergelagerter Feinhumus; beachtliches Auftreten feinster, nackter, hell aufleuchtender Mineralkörnchen und Splitterchen; Pilzhyphen und Bruchstücke zoogen noch nicht aufbereiteter, hellbrauner organischer Abfallsubstanz sind nur sporadisch vorhanden; der Humus ist von Feinwurzeln reichlich durchzogen

Abb. 2:

Profil I 4: *Milder Arthropodenmull* auf Kalkstein (Alpenmullboden)

Profil II 1: *Arthropodenmoderauflage* auf Braunerde (Degradationstyp als Folge standortswidriger Nadelwaldbestände)

Abb. 3:

Profil 1: *Regenwurmmullboden* auf Amphibolit

Profil 2: *Arthropodenmullboden* auf Amphibolit

Abb. 4:

Regenwurmmullboden unter Eichen-Weißbuchen-Wald auf Löß

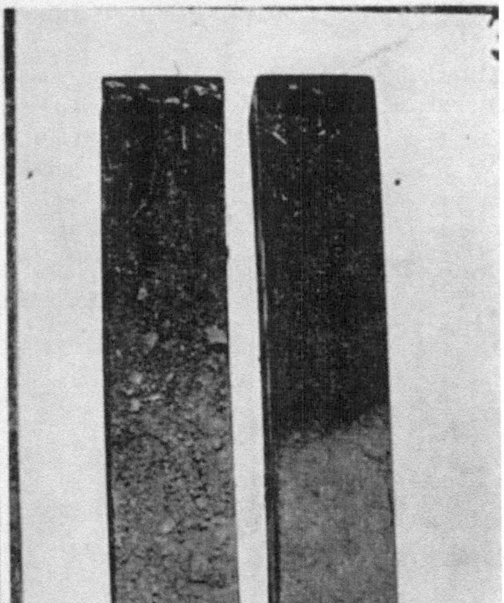

Tafel V

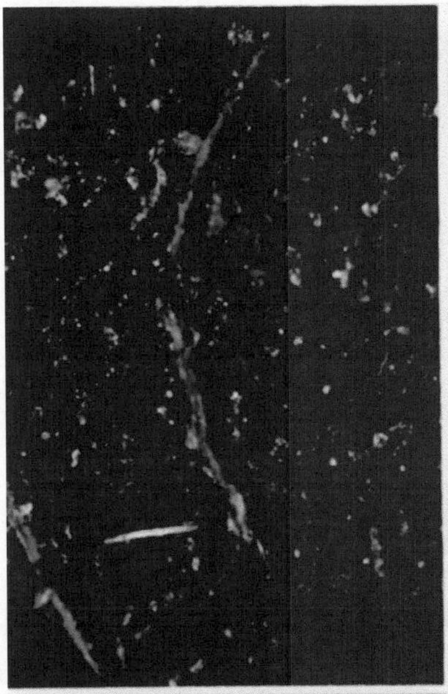

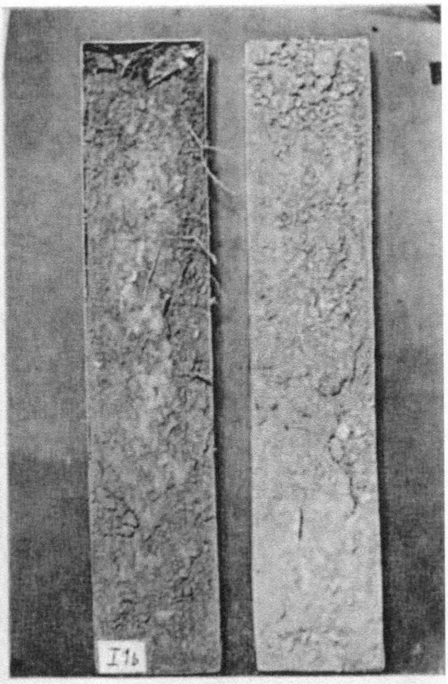

Tafel VI

Abb. 1: *Finnischer Kiefern-Fichten-Mischwald*: Unter diesem wüchsigen, standortsgemäßen Nadelwald entwickelt sich zoogener Zwillingshumus

Abb. 2: *Floristischer Aspekt unter standortsgemäßem Nadelwald:* Auf *locker* gefügter Nadelstreudecke entwickelt sich im allgemeinen eine aufgelockerte Vegetation des mittleren Moostyps (nach K. RUBNER) mit örtlich Oxalis, Vaccinium myrtillus und nitrophilen Kräutern

Abb. 3: *Glühpräparat eines zoogenen Zwillingshumus:* Im hellgrauen Aschenrückstand des Moders ist ein ziegelrot verfärbtes und ziegelartig verhärtetes Regenwurmkotteilchen eingebettet

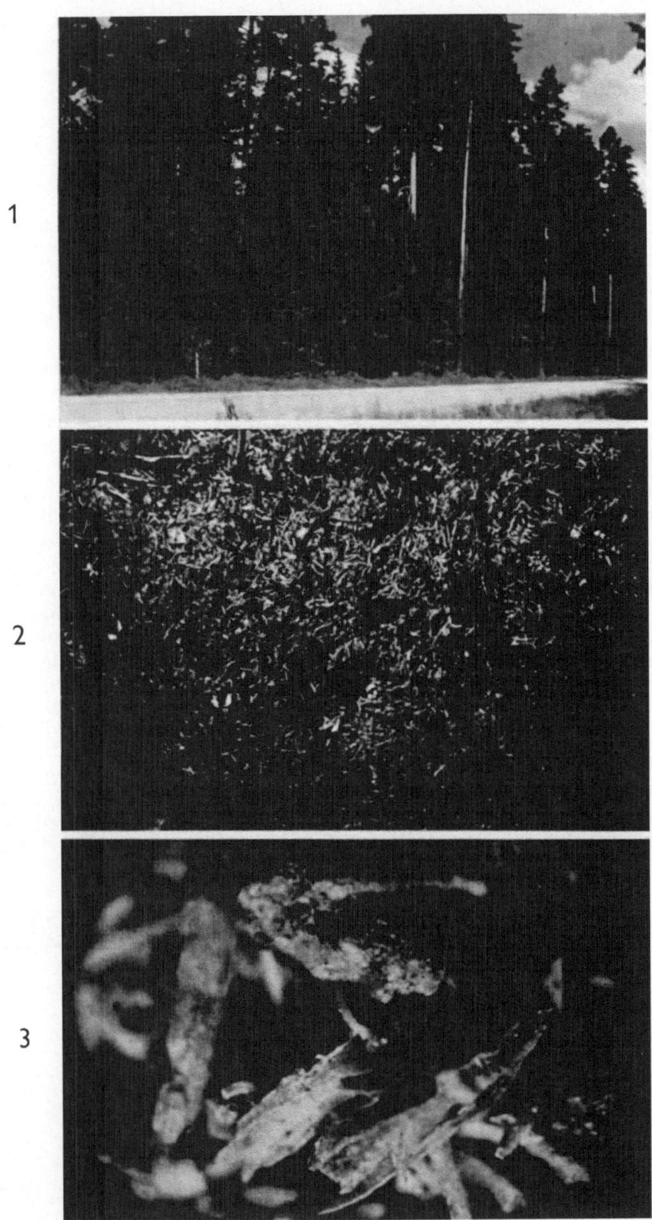

1

2

3

Tafel VI

Tafel VII

Abb. 1: *Pilzbeeinflußter Arthropodenhumus. trockener Typ, H-Horizont*
(Mikroauflichtbild 75×): Bei *abnehmender* Verpilzung Anhäufung äußerlich
noch gut erhaltener Bruchstücke organischen Abfalles

Abb. 2: *Pilzbeeinflußter Arthropodenhumus, trockener Typ* — Staubpräparat (Mikroauflichtbild 75×): Das reichliche Vorkommen eiförmig-
zylindrischer Kotteilchen verschiedener Nachdunkelungsgrade und sekundärer
(kogrophager) Humuskrümeln bestätigt Arthropodenhumusbildung. Das
beachtliche Aufscheinen von Rotebruchstücken beweist aber, daß die
Arthropodenhumusbildung im *Grobmoderstadium* stecken geblieben ist. Ein
weiterer Beweis hierfür ist der geringere Nachdunkelungsgrad gegenüber
dem normalen Arthropodenhumus (Tafel IV – Abb. 2)

Abb. 3: *Pilzbeeinflußter Arthropodenhumus, trockener Typ: floristischer Aspekt:*
Auf verdichteter Nadelstreudecke, die sich zu Stücken abheben läßt, entwickelt sich eine aufgelockerte Vegetation betont xerophiler Pflanzen (Boden-
flechten, Calluna, Vaccinium vitis idea, xerophile Gräser und Vertreter des
trockenen Moostyps)

Abb. 4: *Pilzbeeinflußter Arthropodenhumus, trockener Typ, F-Horizont* (Mikroauflichtbild 75×): Die in ihrer äußeren Gestalt noch gut erhaltenen Roteteilchen sind von Pilzhyphen stark umsponnen

Tafel VII

Tafel VIII

Abb. 1: *Pilzbeeinflußter Arthropodenhumus, feuchter Typ: floristischer Aspekt:*
Auf *verdichteter* Nadelstreudecke, die sich zu Stücken abheben läßt, entwickelt
sich eine aufgelockerte Vegetation hygrophiler Pflanzen, im besonderen von
Sphagnumarten und sauren Gräsern

Abb. 2: *Pilzbeeinflußter Arthropodenhumus (Buchenstreu), feuchter Typ,
F-Horizont* — Scharfschnitt (Mikroauflichtbild 75 ×): Roteteilchen von Pilzhyphen umsponnen; im Querschnitt eines Roteteilchens (im Bild unten)
weist Zelluloserestgewebe auf Pilztätigkeit; die Gegenwart einer Hornmilbe
(in der Mitte des oberen Bildteiles als hellbraun-glänzendes, ovales Gebilde
erkennbar) bestätigt Arthropodentätigkeit; Sporozysten der Schleimpilze
(kleine, weißliche, rundliche, zum Teil geteilte Gebilde) deuten auf periodische
Vernässung der Humusschicht

Abb. 3: *Pilzbeeinflußter Arthropodenhumus trockener Standorte, A_1-Horizont*
(Mikroauflichtbild 75 ×): Im podsolierten Oberboden, der sich nur mehr aus
nacktem, mineralischem Bodenskelett zusammensetzt, sind in den Hohlräumen reichlich Bruchstücke von Rotesubstanz abgelagert; Pilzhyphen
fehlen bzw. treten nur sporadisch auf; keine Mullbildung

Abb. 4: *Pilzbeeinflußter Arthropodenhumus, feuchter Typ: F-Horizont* (Mikroauflichtbild 75 ×): Roteteilchen sind von Pilzhyphen stark umsponnen;
örtlich finden sich Paketchen zoogenen Feinhumus (im Bild rechts unten);
Sporozysten der Schleimpilze treten reichlich auf (weißliche rundliche Gebilde,
zum Teil gespalten)

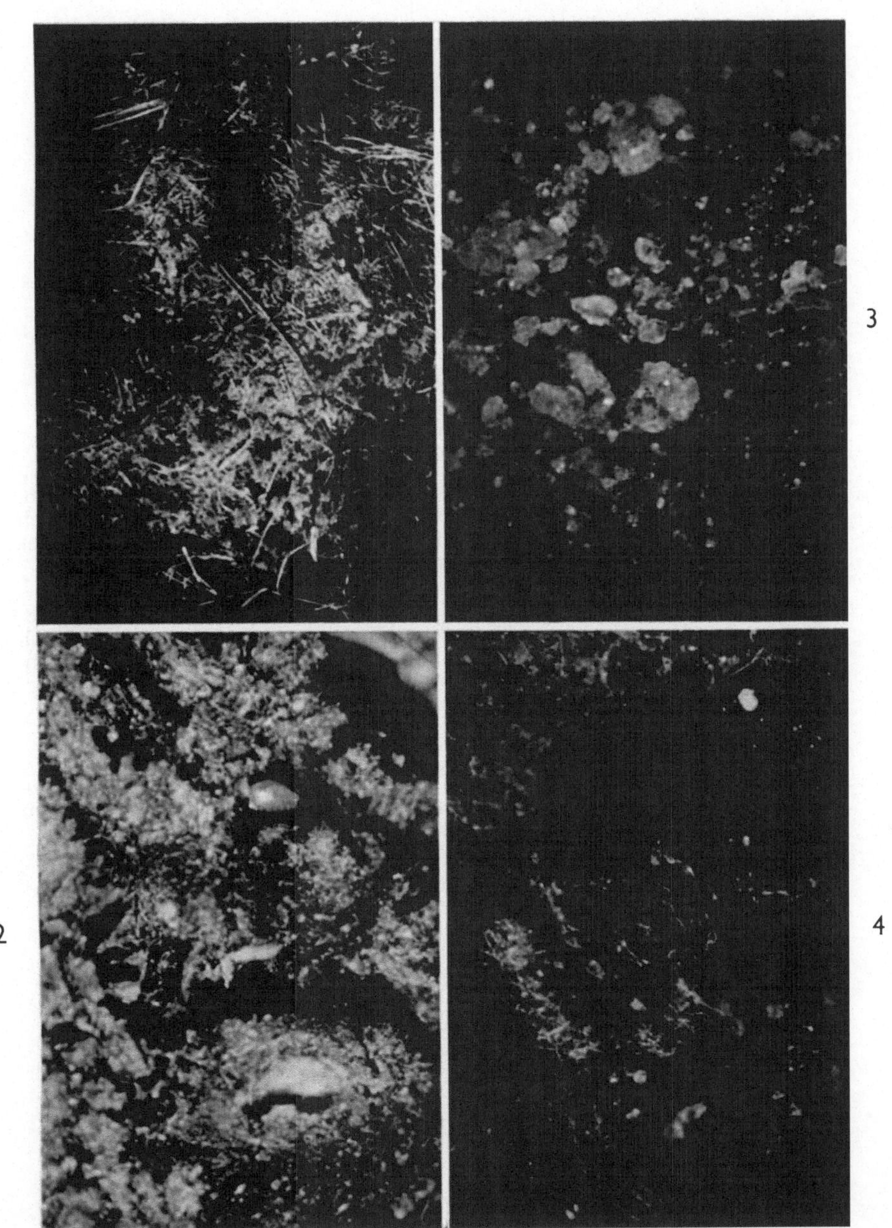

Tafel VIII

Tafel IX

Abb. 1: *Pilzbeeinflußter Arthropodenhumus, feuchter Typ: H_2-Horizont* (Mikroauflichtbild 75×): Stark verdichtetes Gemisch von Feinhumus mit reichlich Rotesubstanz ist von mikroskopischen Pilzen dicht durchzogen und mit weißlichen Sporozysten der Schleimpilze besetzt

Abb. 2: *Pilzbeeinflußter Arthropodenhumus, feuchter Typ: H_1-Horizont* (Mikroauflichtbild 75×): Von makroskopischen Pilzen stark durchzogenes Gemisch von Rotesubstanz und Feinhumuskomplexen; mit Sporozysten der Schleimpilze reich besetzt (weißliche, rundliche Gebilde)

Abb. 3: *Unter dichter Moosdecke verschimmelter Humus*

Abb. 4: *Pilzbeeinflußter Arthropodenhumus, feuchter Typ — Staubpräparat* (Mikroauflichtbild 75×): Nachgedunkelte Feinhumusteilchen häufig mit anhaftenden Sporozysten von Schleimpilzen; örtlich Bruchstücke von Rotesubstanz und Pilzhyphenreste

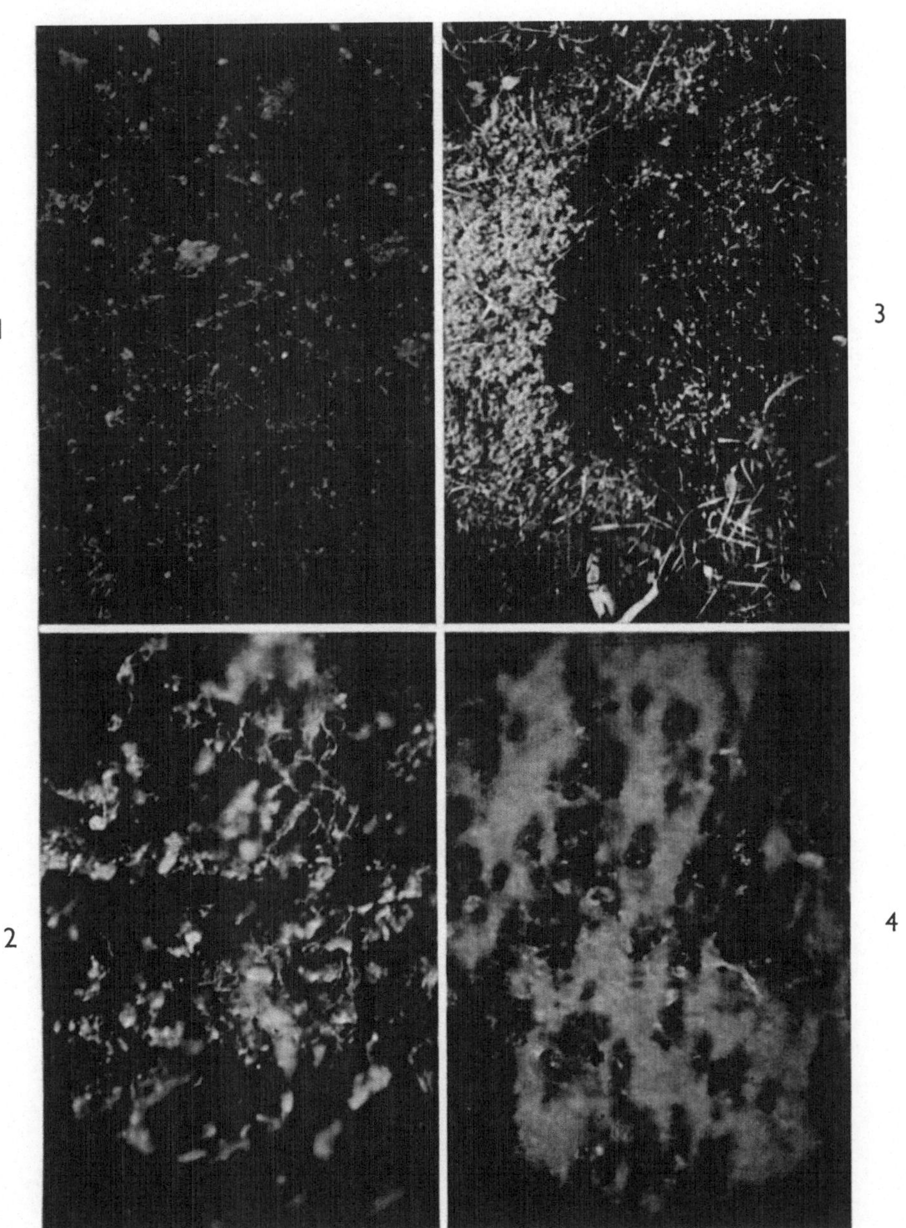

Tafel IX

Tafel X

Abb. 1: *Flechtenreicher Kiefern-Birken-Wald auf extrem trockenem Standort*
(Finnland)

Abb. 2: *Extrem xerophiler Flechtentyp:* Renntierflechte mit sporadisch
Preiselbeere auf verdichteter und stark verpilzter Nadelstreudecke

1

2

Tafel X

Tafel XI

Abb. 1: *Extremer Pilzhumus* (Mikroauflichtbild 25×): Roteteilchen von dichtem Pilzgespinst umgeben

Abb. 2: *Floristischer Aspekt auf extrem trockenem Waldstandort:* Auf stark verpilzter Nadelstreu xerophile Vegetation von Flechten, Heidekraut, Trockengräsern (Festuca ovina) und Trockenmoosen

Abb. 3: *Extremer Pilzhumus* — Scharfschnitt (Mikroauflichtbild 75×): Milbenfraß in einem von Pilzgespinst umgebenen Zelluloserestgewebe; die Exkremente sind weiß und dunkeln nicht nach, ein Zeichen, daß sich kein guter Humus bilden konnte

Abb. 4: *Extremer Pilzhumus* — Scharfschnitt (Mikroauflichtbild 75×): Von dem Innengewebe des Roteteilchens, das von einem dichten Pilzgespinst umgeben ist, bleiben aufgelockerte, ligninreiche (rotbraune) Restgewebe zurück, deren morphologische Struktur noch gut erkennbar ist; Fraßkavernen mit nachgedunkeltem Tierkot fehlen

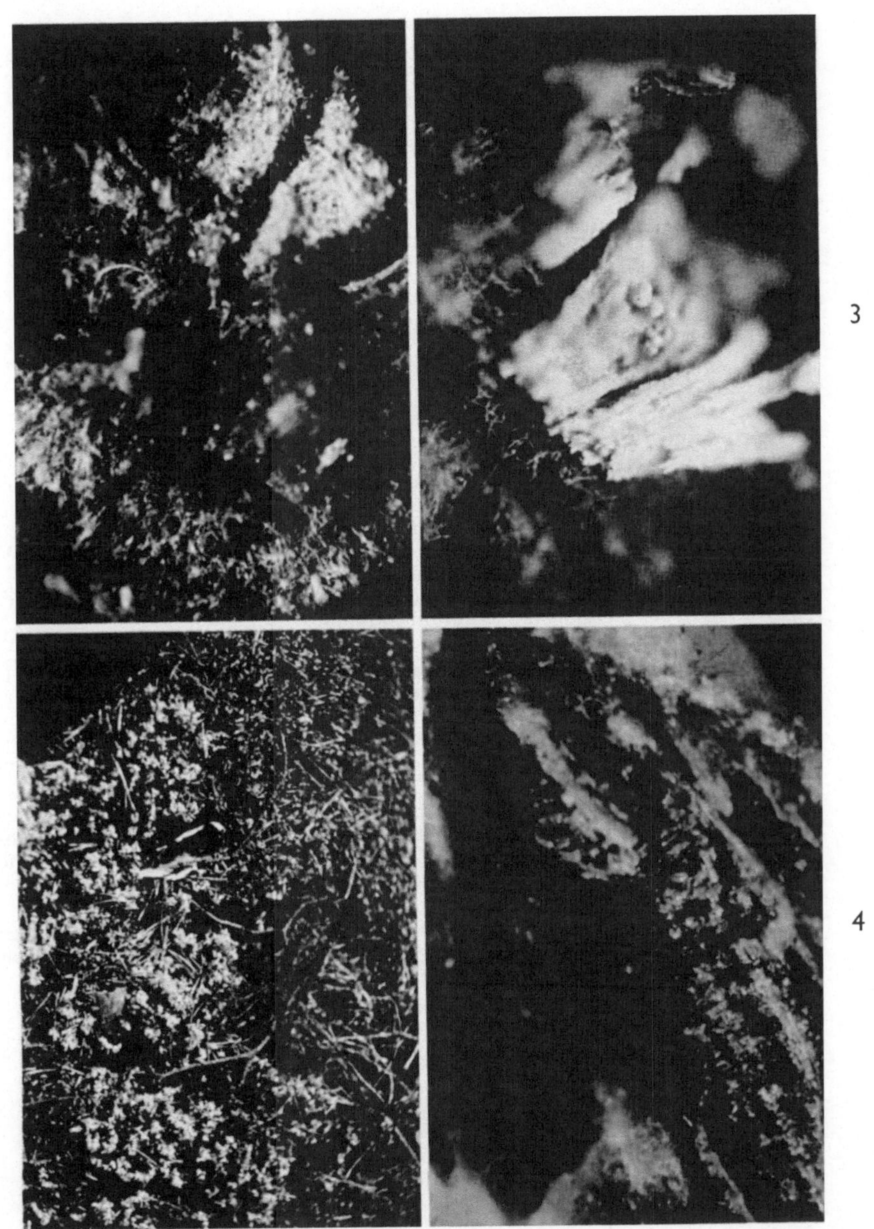

Tafel XI

Tafel XII

Abb. 1: *Pilztrockentorf* — Scharfschnitt (Mikroauflichtbild 75×): Aus extremer Pilzhumusbildung hervorgegangener, rotbrauner (ligninreicher), torfartig verdichteter Humus, der zunächst von *mikroskopischen Pilzen noch stark durchsetzt ist;* die Roteteilchen zeigen in den Querschnitten entweder leere Aushöhlungen oder stark aufgelockerte, ligninreiche Reste, teilweise auch weißliche Zelluloserestgewebe (im Bild links oben); nachgedunkelte, zoogene Feinhumuskomplexe fehlen

Abb. 2: *Extremer Pilzhumus* — Hackpräparat (Mikroauflichtbild 150×): Vorherrschend Bruchstücke aufgelockerter, rotbraun gefärbter (ligninreicher) Restgewebe mit noch deutlich erkennbarer morphologischer Struktur; örtlich hellgefärbte, durchscheinende Bruchstücke von Zelluloserestgeweben und von Pilzhyphen; nachgedunkelte, gekrümelte Feinhumuskomplexe fehlen

Abb. 3: *Pilztrockentorf* — Hackpräparat (Mikroauflichtbild 75×): In der Hauptmasse Bruckstücke ligninreicher Restgewebe mit sporadisch eingesprengten Teilchen weißer Zelluloserestgewebe; nachgedunkelte, zoogene Feinhumuskomplexe fehlen

Abb. 4: *Pilztrockentorf* — Scharfschnitt (Mikroauflichtbild 75×): Schlußstadium der Pilzhumusbildung; das *Pilzleben hat praktisch aufgehört;* der torfartig verdichtete Humus stimmt im übrigen mit Abb. 1 überein

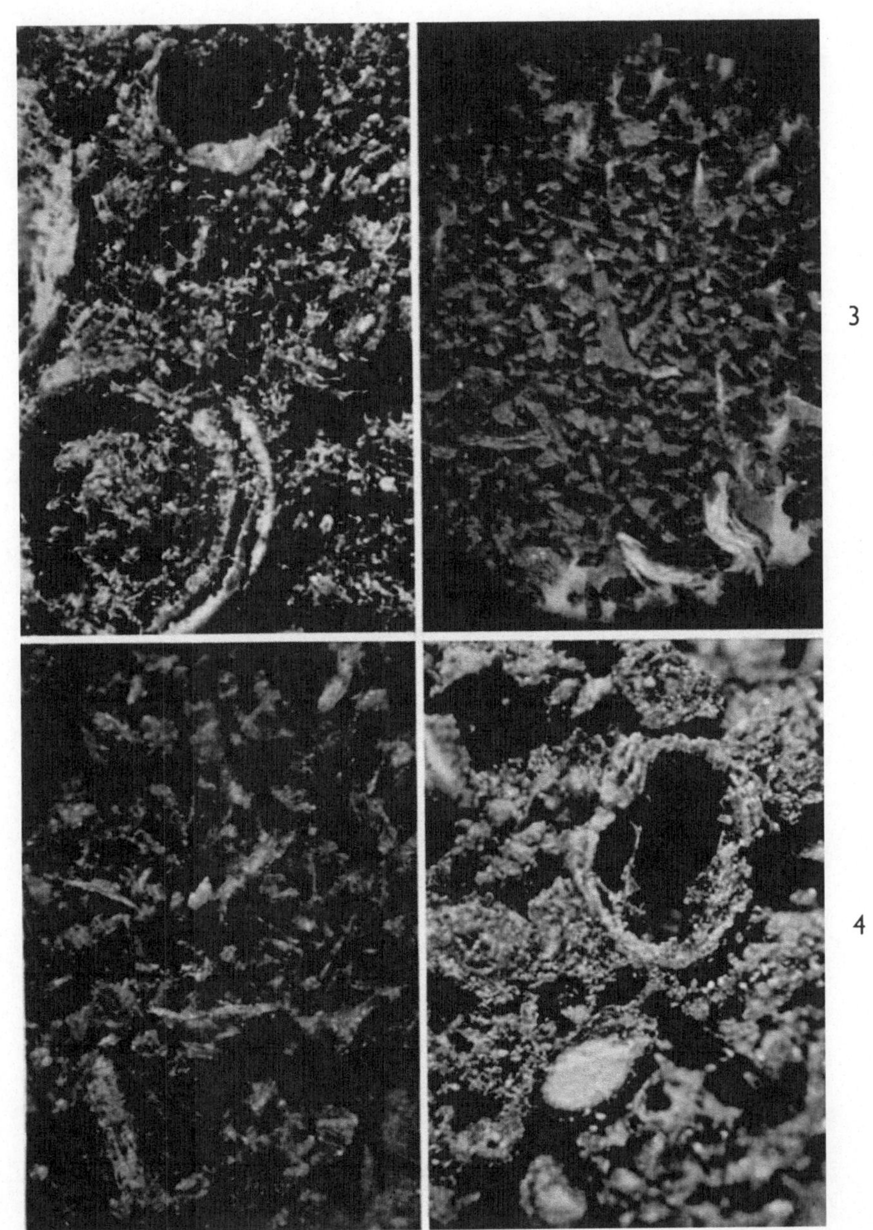

Tafel XII

Tafel XIII

Abb. 1: *Tannenwaldbestand mit üppiger Oxalisvegetation auf feucht-nassem, stark anaerob beeinflußten Standort* (Revier Rappottenstein, Niederösterreich)

Abb. 2: *Floristischer Aspekt des auf Abb. 1 abgebildeten Tannenbestandes: oxalisreicher, nitrophiler Schattenkräutertyp* (typisch für Standorte mit kohlig-schmierigem Fäulnishumus)

1

2

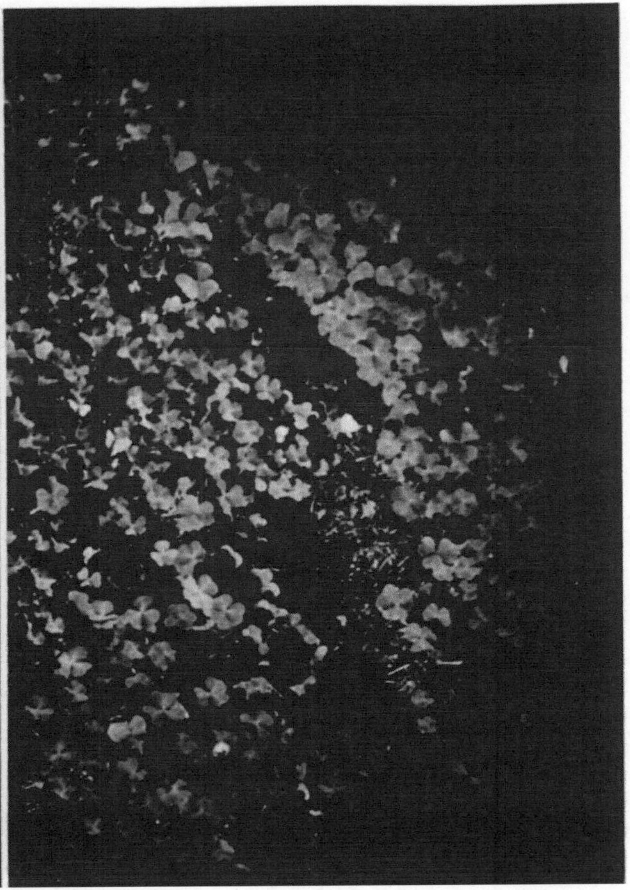

Tafel XIII

Tafel XIV

Abb. 1: *Fichtenwaldbestand auf feucht-nassem, stark anaerob beeinflußten Standort* (Revier Rappottenstein, Niederösterreich)

Abb. 2: *Floristischer Aspekt des auf Abb. 1 gezeigten Fichtenbestandes:* Neben Oxalis bereits stärkeres Auftreten von Vaccinium myrtillus und Vertretern des sauren Feuchtmoostyps (schlechter Moostyp nach K. RUBNER) als auch saurer Gräser feuchter Standorte

Abb. 3: *Kohlig-schmieriger Fäulnishumus, H_1-Horizont* (aerob beeinflußte Zone) (Mikroauflichtbild 75×): In der Hauptmasse nachgedunkelter Mull-humus; das Zusammentreffen von zwei Hornmilben (in der Bildmitte, rötlich-braun glänzend) auf mikroskopisch kleinem Raum deutet auf äußerst lebhafte zoogene Humusbildung; das reichliche Vorkommen weißlicher Sporozysten von Schleimpilzen weist auf häufige Vernässung dieses Humus-horizontes

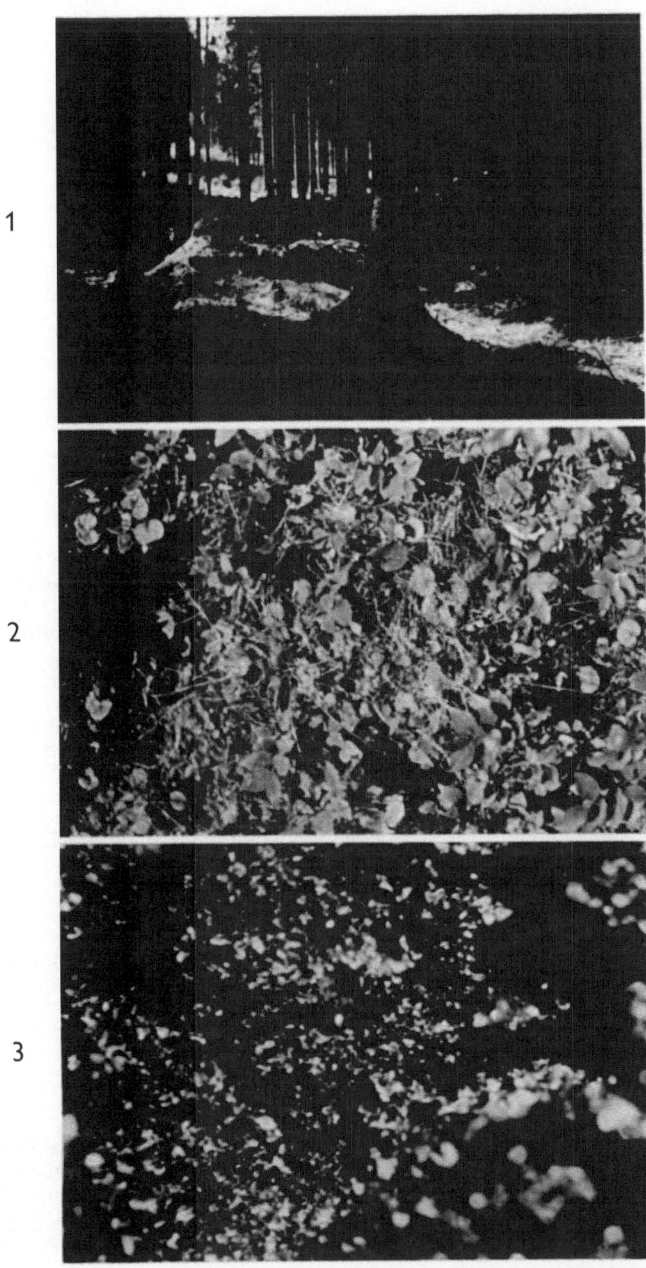

1

2

3

Tafel XIV

Tafel XV

Abb. 1: *Kohlig-schmieriger Fäulnishumus aus dem anaeroben Humusbereich*
(H_2-Horizont) — Hackpräparat (Mikroauflichtbild 75 ×): In der Hauptmasse
Bruchstücke kohlig-schwarzen Feinhumus mit häufig anhaftenden Sporozysten
der Schleimpilze (kleine weißliche, kugelige Gebilde) und mit reichlich vorhandenen, hell aufleuchtenden, feinsten Mineralsplitterchen; Bruchstücke
rötlich-brauner Rotfäulekomplexe (in der Bildmitte) treten nur im verschwindenden Maße auf

Abb. 2: *Kohlig-faseriger Fäulnishumus aus dem Grenzbereich zwischen aerober
und anaerober Zone* (Mikroauflichtbild 75 ×): Gemisch kohlig-schwarzer
Feinhumuskomplexe mit merklichem Anteil an Rotesubstanz, die äußerlich
eine ebenfalls kohlig-schwarze Farbe aufweist; man sieht in der oberen
Bildhälfte den segmentierten Körperteil einer Myriapode (Tausendfüßler)
und im unteren Teil des Bildes den glatten Körperteil einer Acari (Hornmilbe)
als Beweis für lebhafte Arthropodenhumusbildung; Pilzhyphen treten nur
vereinzelt und in sehr geringen Mengen auf; Sporozysten der Schleimpilze
sind hingegen reichlich vorhanden

Abb. 3: *Kohlig-schmieriger Fäulnishumus aus der anaeroben Schicht* (Mikroauflichtbild 75 ×): Dicht verschlämmter, kohlig-schwarzer Feinhumus mit
reichlich eingebetteten, hell aufleuchtenden, meist kantigen, feinsten und
gröberen Mineralkörnchen und Splitterchen (deutet auf Bodenmischung durch
Regenwürmer); reichliches Auftreten von Sporozysten der Schleimpilze
(kleine rundliche, manchmal geteilte, weißliche Gebilde); häufiges Vorkommen
von Protozoenzysten (größere, perlenartige Gebilde); Pilzhyphen und Roteteilchen nur sporadisch vertreten

Abb. 4: *Kohlig-schmieriger Fäulnishumus* — Dünnschliff (Mikrodurchlichtbild 75 ×): Dicht verschlämmte, schwarze, amorphe Humusmasse mit
eingebetteten feinsten, hell aufleuchtenden Mineralkörnchen und Mineralsplitterchen

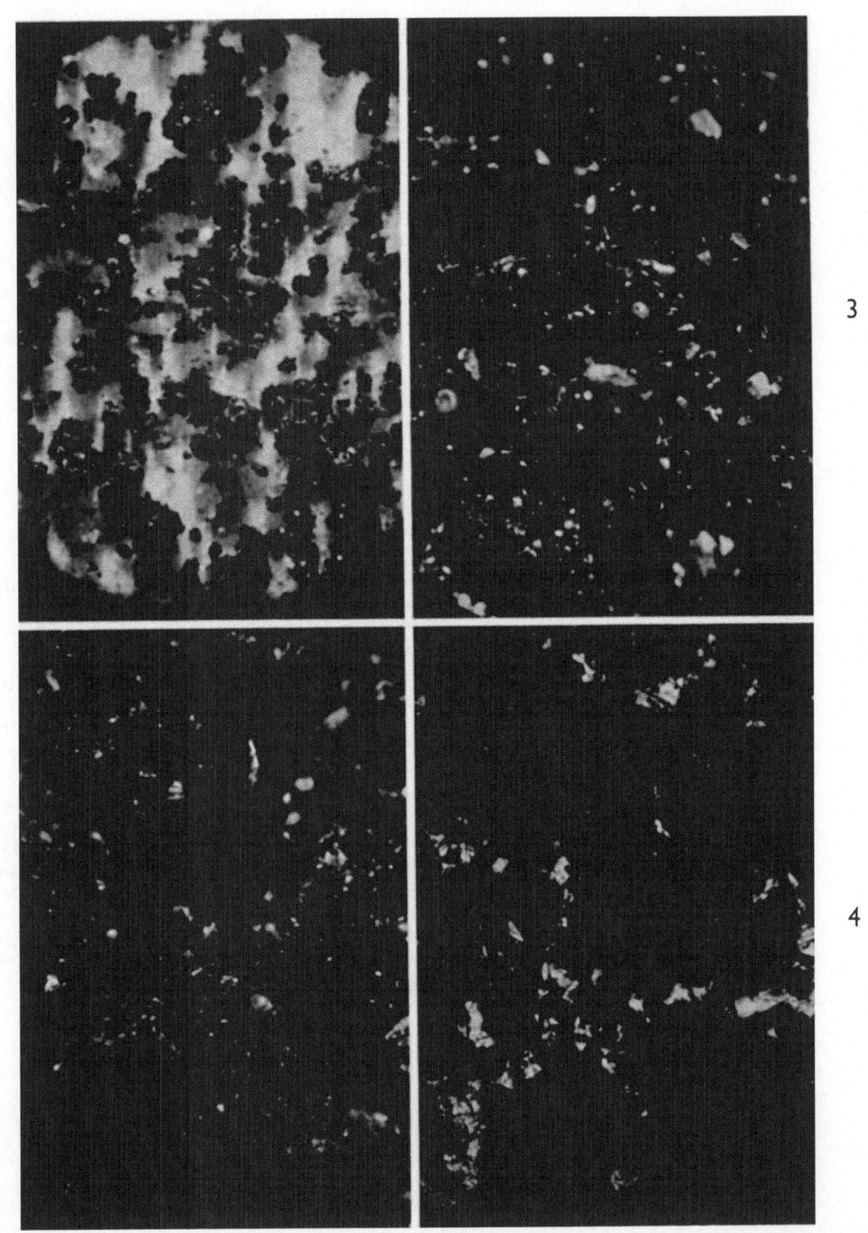

Tafel XV

Tafel XVI

Abb. 1: *Saurer Alpenhumus* — Aschenpräparat (Mikroauflichtbild 25×):
Eisenoxydrinden an geglühten Humusteilchen beweisen die Bildung von
Eisenhumatablagerungen im Auflagehumus saurer Alpenhumusböden

Abb. 2: *Alpenhumus-Roteteilchen* mit Resten eines Eisenoxydbelages als
Veraschungsrückstand einer Eisenhumatrinde (Mikroauflichtbild 25×)

Abb. 3: *Kohlig-faseriger Fäulnishumus* (Mikroauflichtbild 75×): Humus-
merkmale analog wie bei Abb. 2 auf Tafel XV; im oberen Bildteil ist ein
schwarzbraunes kugeliges Gebilde zu sehen, das im Fäulnishumus öfter
vorkommt und als ein *steriles, pseudoparenchymatisches Stroma* festgestellt
wurde (gehäufte Pilzhyphenkomplexe)

Abb. 4: *Kohlig-faseriger Fäulnishumus* — Scharfschnitt (Mikroauflichtbild
75×): Das Scharfschnittpräparat zeigt an durchschnittenen Roteteilchen
die auffallend rotbraune Farbe der Innengewebe (bedingt durch Rotfäule)
auf, die sich von dem Schwarz der Rindenschicht nicht durchschnittener
Roteteilchen und von der ebenfalls kohligen Farbe der Feinhumuskomplexe
deutlich abhebt; an dem größeren, durchschnittenen Roteteilchen (am
unteren Bildrand) tritt auch Zelluloserestgewebe in Erscheinung; ferner ist
auch in diesem Fall das reichliche Auftreten von Sporozysten der Schleimpilze
hervorzuheben

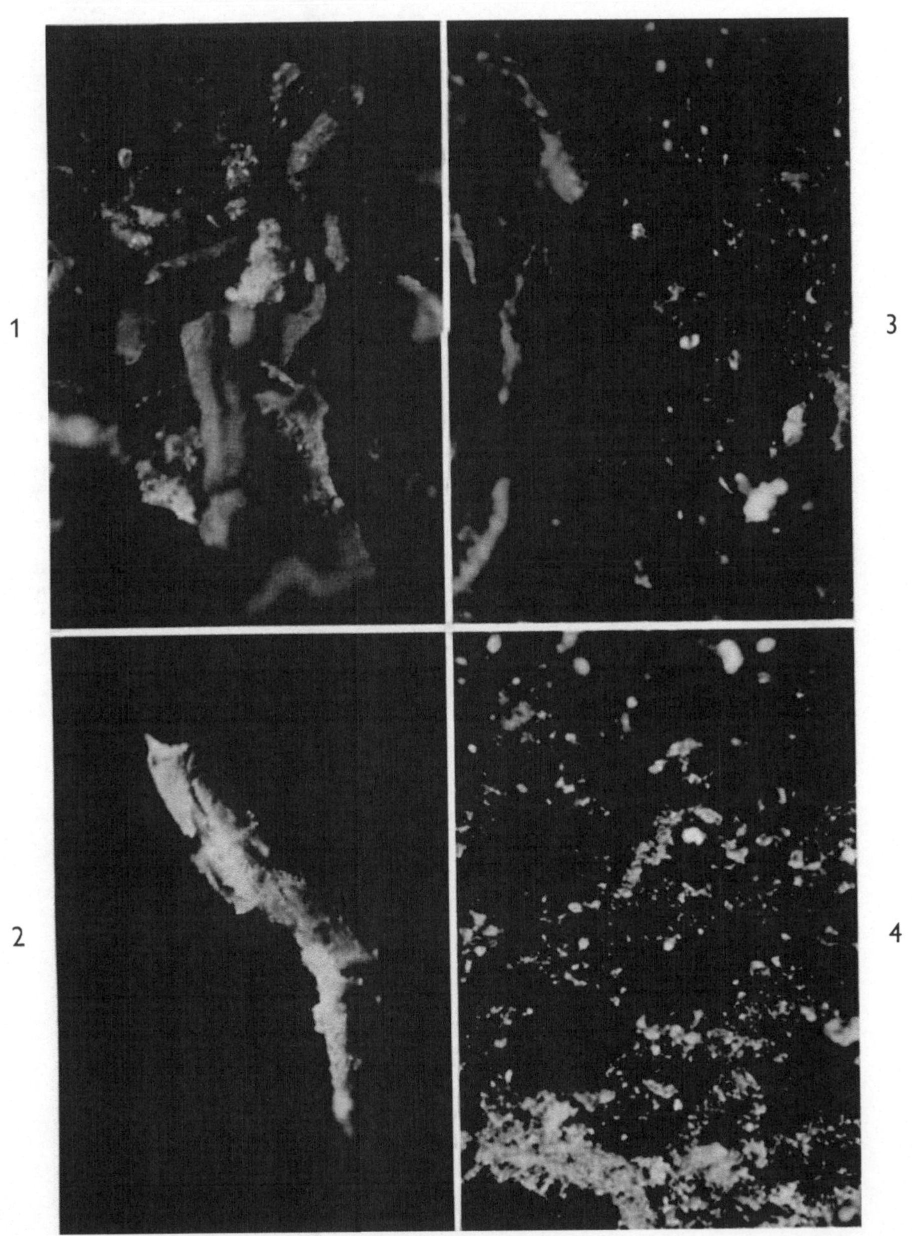

Tafel XVI

Tafel XVII

Abb. 1: *Vaccinien- und moosreicher Kiefern-Birken-Wald* (feucht-nasser
Standort)

Abb. 2: *Vaccinien-Feuchtmoos-Typ mit Sphagnumnestern:* Kennzeichend für
Waldstandorte mit Rotfäulehumusbildung; die dichte Moosdecke (schlechter
Moostyp nach K. RUBNER) ist eine Hauptursache für diese Fäulnishumus-
bildung

Tafel XVII

Tafel XVIII

Abb. 1: *Roteteilchen eines rotbraunen Fäulnishumus* — Scharfschnitt (Mikroauflichtbild 75×): Milbenkavernenfraß im ligninreichen Restgewebe; Kotteilchen durchwegs rotbraun gefärbt, keine Nachdunkelung der Exkremente;
örtlich kleine Reste der schwarzen, lackartig glänzenden Rindenschicht
(im unteren Bildteil)

Abb. 2: *Roteteilchen eines rotbraunen Fäulnishumus* — Scharfschnitt (Mikroauflichtbild 75×): Durch Querschnitt wurde eine Kaverne freigelegt, die
durch Rotfäule entstanden ist. Die ligninreiche Rindenschicht blieb als
ligninreiches Restgewebe in ihrem morphologischen Aufbau gut erhalten.
Das ligninarme Innengewebe wurde bis auf einige Reste wabenartigen
Zelluloserestgewebes durch Rotfäule herausgelöst. Einige Pilzhyphen sind
noch zu sehen. In die so entstandene Kaverne sind sekundär Milben verschiedener Größe eingedrungen. Aus dem Fraß am Zelluloserestgewebe sind
weißliche, zellulosereiche Exkremente, aus dem Fraß am ligninreichen
Rindengewebe rotbraune, ligninreiche Exkremente und aus dem abwechseln-
den Fraß an beiden Gewebeteilen weiß-rot gefleckte Kotteilchen hervorgegangen. In keinem Fall trat eine Nachdunkelung der Exkremente ein.

Abb. 3: *Roteteilchen eines rotbraunen Fäulnishumus* — Scharfschnitt (Mikroauflichtbild 75×): Die Rindenschicht des Roteteilchens ist kohlig-schwarz
und lackartig glänzend (Auswirkung der Schwarzfäule von außen her),
während sich im Innern des Roteteilchens ein aufgelockertes, rotbraun
gefärbtes, ligninreiches Restgewebe (Auswirkung der Rotfäule von innen her)
erhalten hat

Abb. 4: *Rotbrauner Fäulnishumus* — Scharfschnitt (Mikroauflichtbild 75×):
Dieses Präparat bestätigt die bei Abb. 3 festgestellten Merkmale dieser
Humusbildung. Es ist aber auch deshalb interessant, weil im oberen Bildteil
eine Hornmilbe aufscheint und damit eine gewisse Arthropodentätigkeit
anzeigt. Der Rindenschicht haften verstreut Sporozysten der Schleimpilze an

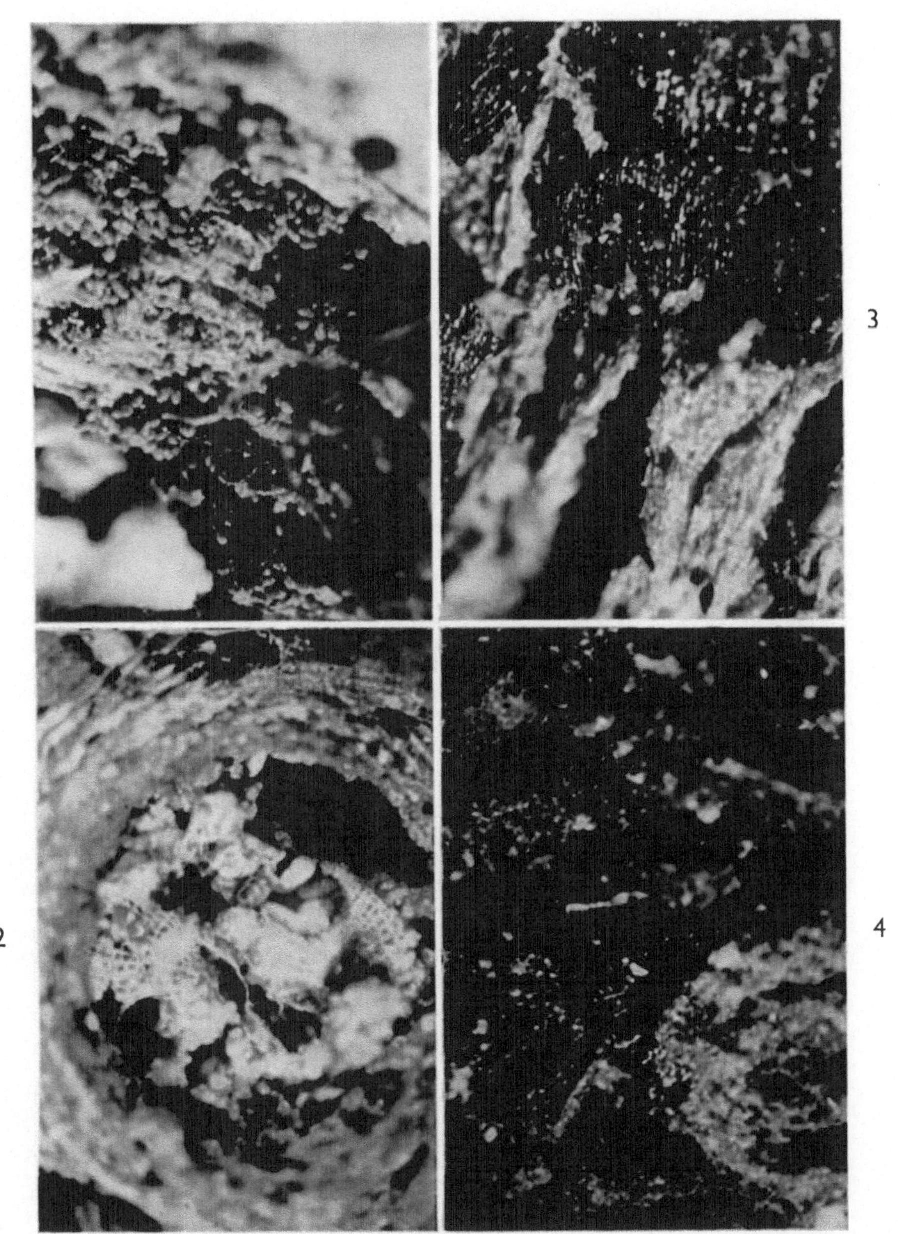

1

2

3

4

Tafel XVIII

Tafel XIX

Abb. 1: *Rotbrauner Fäulnishumus* — Dünnschliff (Mikrodurchlichtbild 150 ×):
Deutliche Nachdunkelung der Rindenschicht (Schwarzfäule); im Innern der
Roteteilchen aufgelockertes, ligninreiches Restgewebe, das die Zellstruktur
noch erkennen läßt (Rotfäule); im ligninreichen Restgewebe örtlich Milbenkavernenfraß ohne Nachdunkelung der rotbraun gefärbten, eiförmig-
zylindrischen Milbenexkremente

Abb. 2: *Rotbrauner Fäulnishumus, A_1-Horizont* (humose Mineralbodenrinde)
(Mikroauflichtbild 75 ×): In den Hohlräumen der aus Mineralkörnchen und
Splitterchen zusammengesetzten Mineralbodenrinde sind reichlich Bruch-
stücke torfiger Substanz eingeschlämmt; Mullerdebildung fehlt

Abb. 3: *Rotbrauner Fäulnishumus* — Hackpräparat (Mikroauflichtbild 75 ×):
Durchwegs Bruchstücke ligninreicher Restsubstanz, teilweise mit kohlig-
schwarzer Rindenschicht und anhaftenden Sporozysten der Schleimpilze

Abb. 4: *Rotbrauner Fäulnishumus* — Staubpräparat (Mikroauflichtbild 150 ×):
Neben verschiedengestaltigen Staubteilchen der ligninreichen Restsubstanz
beachtliche Mengen rotbrauner, eiförmig-zylindrischer Milbenkotteilchen;
wesentlich ist, daß bei diesen Exkrementen keine Nachdunkelung aufscheint;
vereinzelt auftretende dunkelfarbige Teilchen entstammen der durch Schwarzfäule nachgedunkelten Rindenschicht der Rotesubstanz

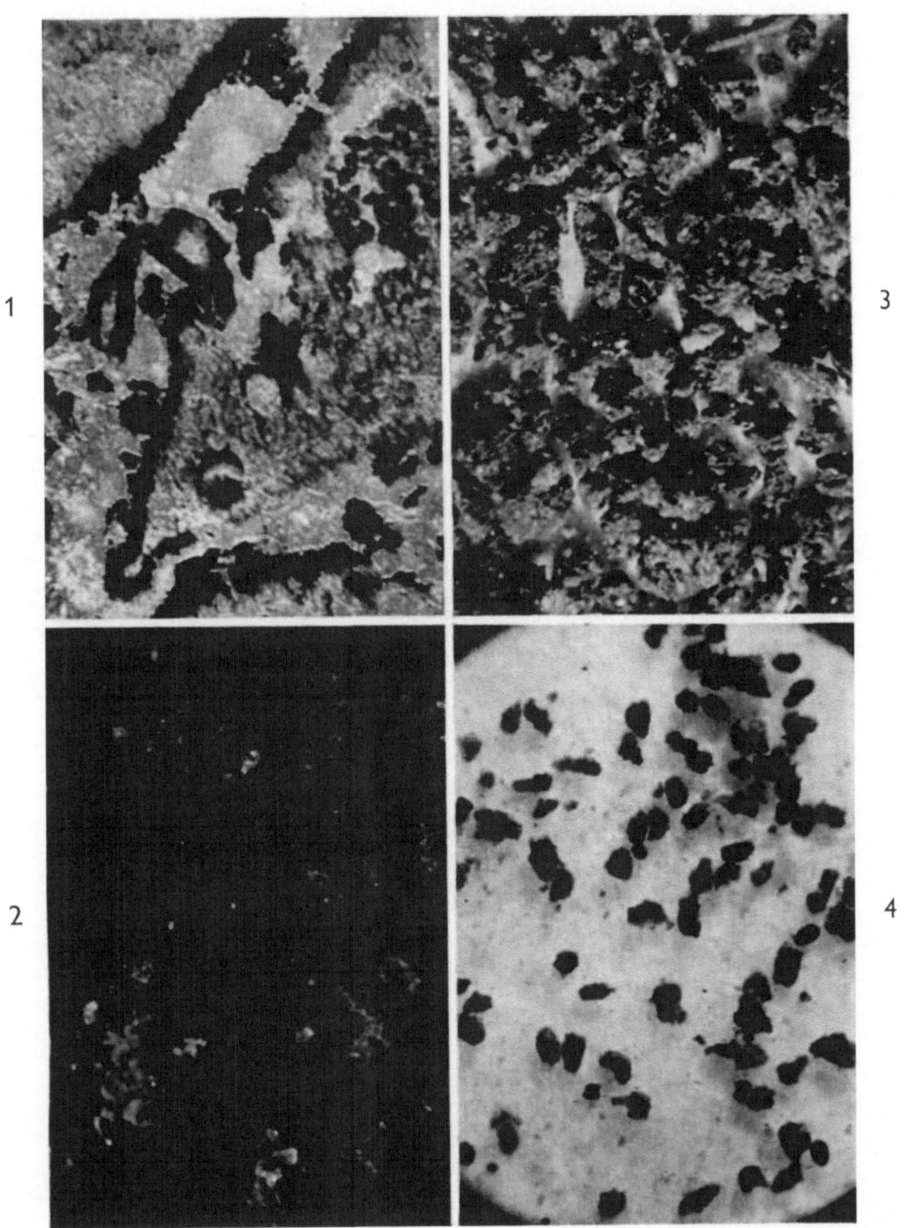

Tafel XIX

Tafel XX

Abb. 1: *70jähriger Fichtenbestand im aussichtslosen Kampf mit rasch anwachsendem Sphagnum (Torfmoos)* (Wisconsin, USA): Nach oben rasch fortschreitende Astdürre führt zur Auflichtung des Waldbestandes und damit zur Förderung der Torfmoosentwicklung und anderer Hochmoorgewächse

Abb. 2: *Im Sphagnum-Waldhumus untergehender Waldbestand* (Wisconsin, USA): Die letzten noch lebenden Bäume sind nur mehr in der obersten Gipfelpartie begrünt. Die Ursache für diesen außergewöhnlichen Kronenabbau ist im fortschreitenden Wurzelsterben gegeben

Tafel XX

Tafel XXI

Abb. 1: Das rasche Anwachsen des Torfmooses zwingt die Fichte zur Entwicklung entsprechend höher angesetzter Adventivwurzeln als Ersatz für die erstickten Wurzeln des ursprünglichen Wurzelkomplexes. Diese Ersatzwurzeln entwickeln sich als typische Hungerwurzeln (peitschenartig, wenig verzweigt)

Abb. 2: *Sphagnumabfallsubstanz* — Scharfschnitt (Mikroauflichtbild 75×): Morphologische Struktur sehr gut erhalten; keine Bildung nachgedunkelter Feinhumuskomplexe; Pilzhyphen örtlich mäßig vorhanden; keine Anzeichen für zoogene Humusbildung

Abb. 3: *Floristischer Aspekt auf Waldstandorten mit Sphagnumhumusbildung:* Geschlossene Sphagnumdecke mit Resten aus der ehemaligen niederen Waldvegetation, die im aussichtslosen Kampf mit dem Torfmoos stehen

Abb. 4: *Im Sphagnumabfall eingebettetes Moderpaketchen* (Mikroauflichtbild 25×): Im *aeroben* Bereich zur Ablagerung gelangte Waldstreupartikelchen werden von Arthropoden angegriffen; Laubstreu wird skelettiert; an den lokal abgelagerten Milbenexkrementen ist beginnende Nachdunkelung festzustellen (im Bild links oben); gleichzeitig finden sich auch Pilze ein, die den Abfall locker umspinnen

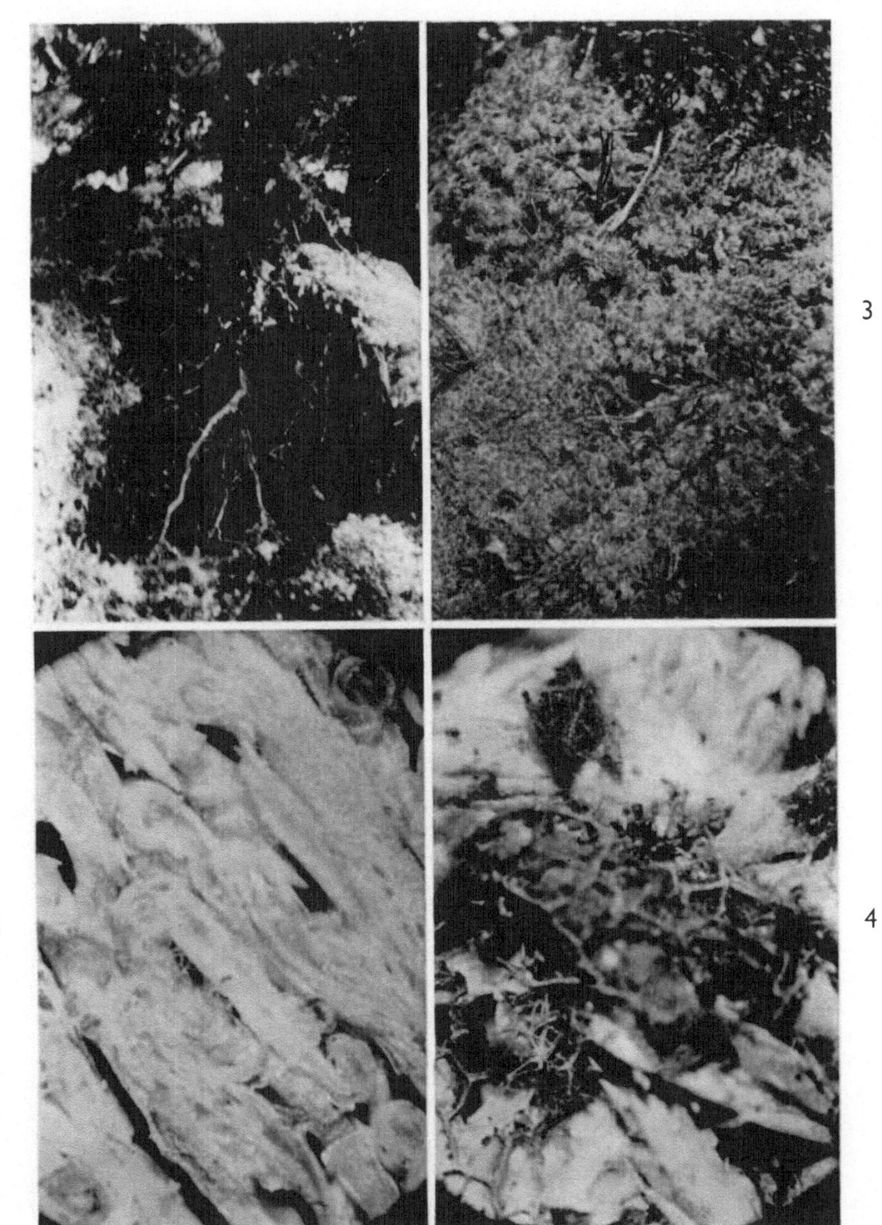

Tafel XXI

Tafel XXII

Abb. 1: *Sphagnumhumus aus anaerobem Einflußbereich* (Mikroauflichtbild
75 ×): Milbenfraß an einem rotbraunen Fäulnishumusteilchen; Ablagerung
rotbrauner, nicht nachgedunkelter Milbenexkremente

Abb. 2: *Sphagnumhumus, anaerobe Einflußzone* (Mikroauflichtbild 75 ×):
Collembolenfraß an einem im Sphagnumabfall eingebetteten rotbraunen
Fäulnishumuspaketchen; die Exkremente sind durchwegs rotbraun gefärbt
und zeigen keinerlei Nachdunkelung; beachtliche Pilzhyphenbildung

Abb. 3: *Scharfschnitt durch einen Sphagnumhumus mit örtlich stärkerer Einmischung rotbrauner Fäulnishumuspartikelchen* (Mikroauflichtbild 75 ×): Die
Rotfäuleteilchen weisen zum Teil leere Aushöhlungen auf, zum Teil sind
in den Kavernen noch kleine Zellulosegewebereste vorhanden (im Bild links
unten); zoogene, nachgedunkelte Humuskomplexe fehlen; der Torfmoosabfall
ist morphologisch gut erhalten; charakteristisch ist das reichliche Auftreten
von Sporozysten der Schleimpilze

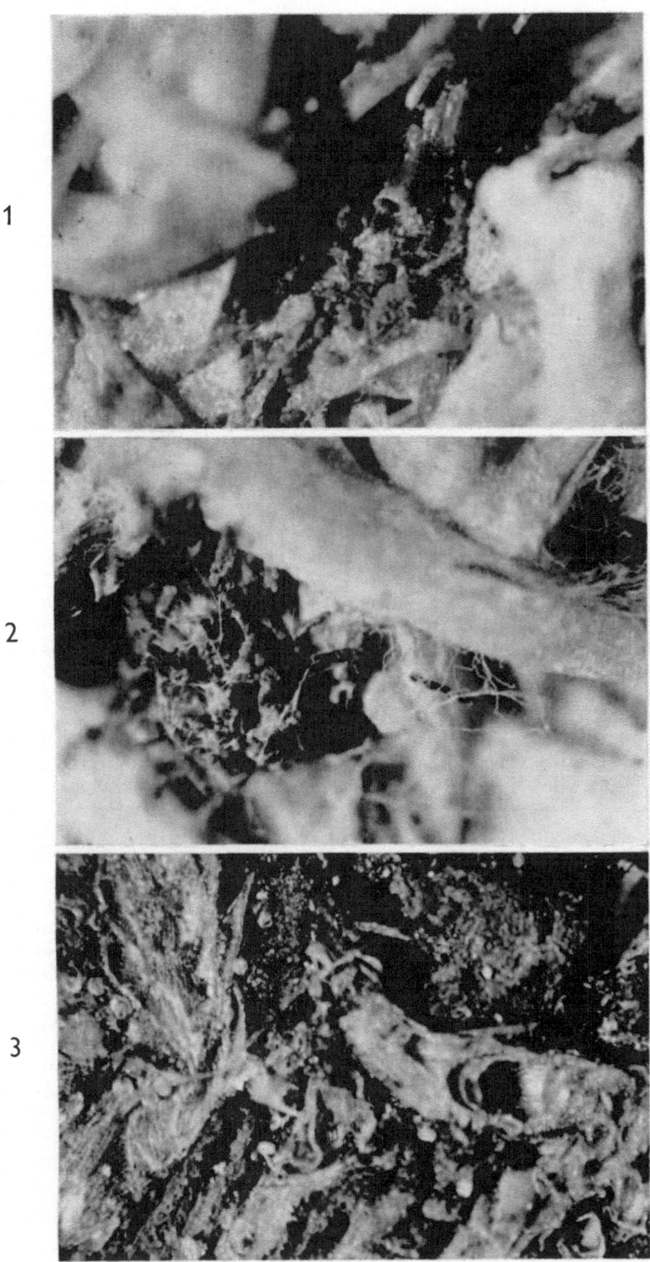

Tafel XXII

Tafel XXIII

Abb. 1: *Sphagnumhumus aus tiefer liegendem anaeroben Bereich* — Scharfschnitt (Mikroauflichtbild 75 ×): Im morphologisch gut erhaltenen Sphagnumabfall vereinzelt gelagerte Rotfäulehumusteilchen mit aufgelockertem, lignin-
reichem Restgewebe; geringe Pilztätigkeit

Abb. 2: *Sphagnumhumus* — Staubpräparat (Mikroauflichtbild 75 ×): Der
staubfeine Rückstand setzt sich zum Großteil aus Bruchstücken rotbrauner
Fäulnishumusteilchen und aus rotbraunen, eiförmig-zylindrischen Milbenkotteilchen zusammen; weiße und rotbraun-weiß gefleckte Kotteilchen
scheinen in geringerem Maße auf; nachgedunkelter Milbenkot ist in ver-
schwindend geringer Menge vorhanden (im Bild rechts oben); Bruchstücke
des Sphagnumabfalles sind nur sporadisch vertreten (im Bild rechts unten),
weil diese leichten Teilchen beim Abschütteln der gröberen Hackrückstände
mitgehen und daher im Staubrückstand fehlen bzw. nur vereinzelt vorkommen

Abb. 3: *Querschnitt durch ein im Sphagnumhumus eingebettetes, rotbraunes
Fäulnishumusteilchen* (Mikroauflichtbild 150 ×): Sekundärer Milbenfraß in
einer durch Rotfäule entstandenen Kaverne; aus dem Fraß am Zelluloserestgewebe gingen weißliche Exkremente, aus dem Fraß am ligninreichen
Restgewebe rotbraune Exkremente und aus dem Fraß abwechselnd an beiden
Restgeweben rotbraun-weiß gefleckte Exkremente hervor; eine Nachdunkelung
fehlt auch in diesem Fall (analog wie beim Rotfäulehumus)

Abb. 4: *Scharfschnitt an einem größeren, dicht gelagerten, im Sphagnumabfall
eingeschlossenen Komplex rotbrauner Fäulnishumuselemente* (Mikroauflichtbild 75 ×): Hier sind alle Merkmale der rotbraunen Fäulnishumusbildung,
einschließlich der kohligen, lackartig glänzenden Rindenschicht (Bildmitte),
gegeben

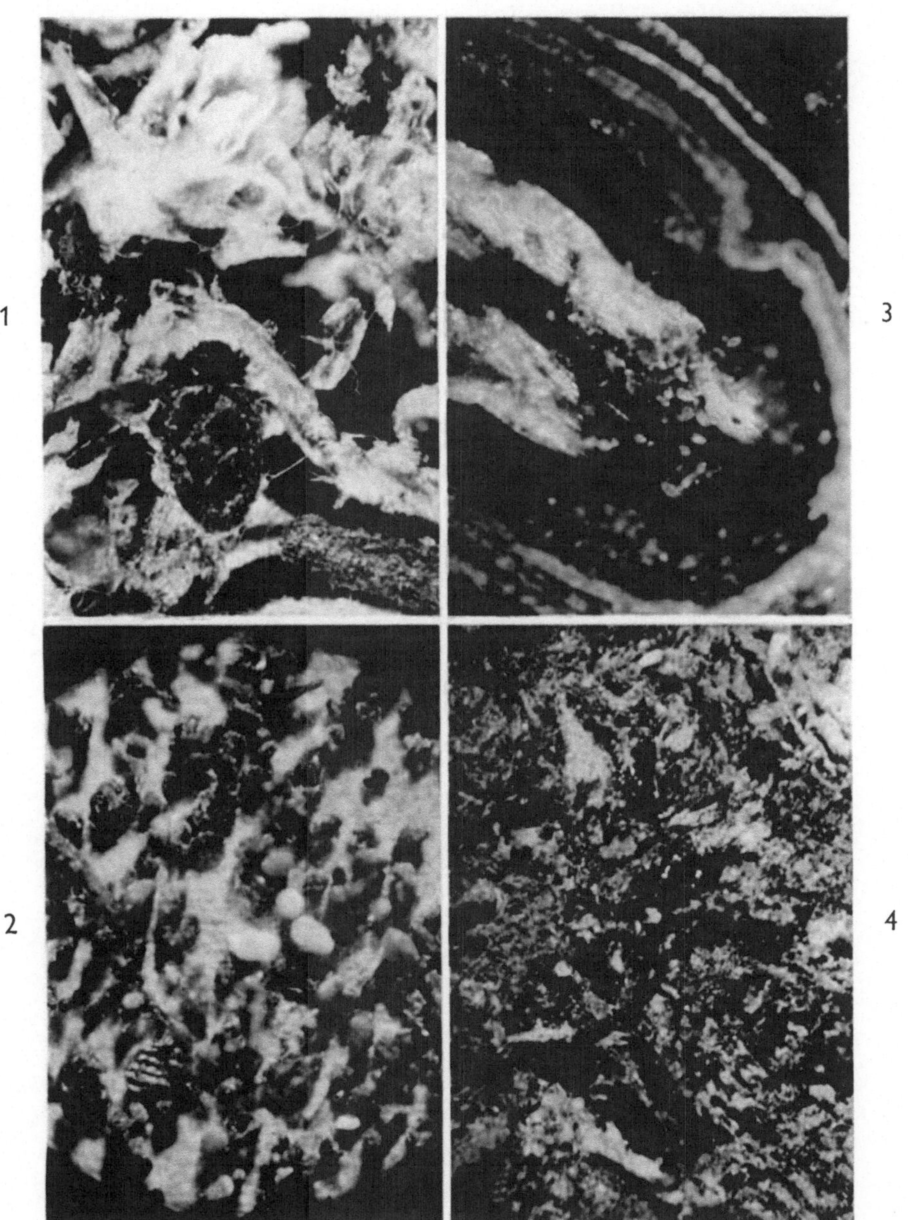

Tafe XXIII

Tafel XXIV

Auswahl von Humusprofilen (von links nach rechts)

Abb. 1: *Sphagnumhumus* auf *kohlig-faserigem Fäulnishumus*; *eumycetisch beeinflußter Arthropodenhumus, trockener Typ* (Podsol); *eumycetisch beeinflußter Arthropodenhumus, feuchter Typ* (im Oberboden Anzeichen von Humuseinschlämmung)

Abb. 2: *Rotbrauner Fäulnishumus* (mit pilzbeeinflußter Moderauflage); *kohlig-schmieriger Fäulnishumus* (auf Granitboden); *kohlig-faseriger Fäulnishumus* (auf Moorboden)

Abb. 3: *Pilzmoder* (auf kalkreichem Kolluvium); *zoogener Zwillingshumus* (Braunerde)

Tafel XXIV

Tafel XXV

*Gegenüberstellung von Staub- und Hackpräparaten verschiedener Humustypen
zur Veranschaulichung des indikatorischen Wertes dieser Präparate für Waldhumusdiagnosen* (augenfällige, bildmäßige Unterschiede)

Staubpräparate:

    Abb. 1: Normaler Arthropodenhumus;
    Abb. 2: rotbrauner Fäulnishumus;
    Abb. 3: Sphagnum-Waldhumus

Hackpräparate:

    Abb. 4: Kohlig-schmieriger Fäulnishumus;
    Abb. 5: rotbrauner Fäulnishumus;
    Abb. 6: Pilztrockentorf

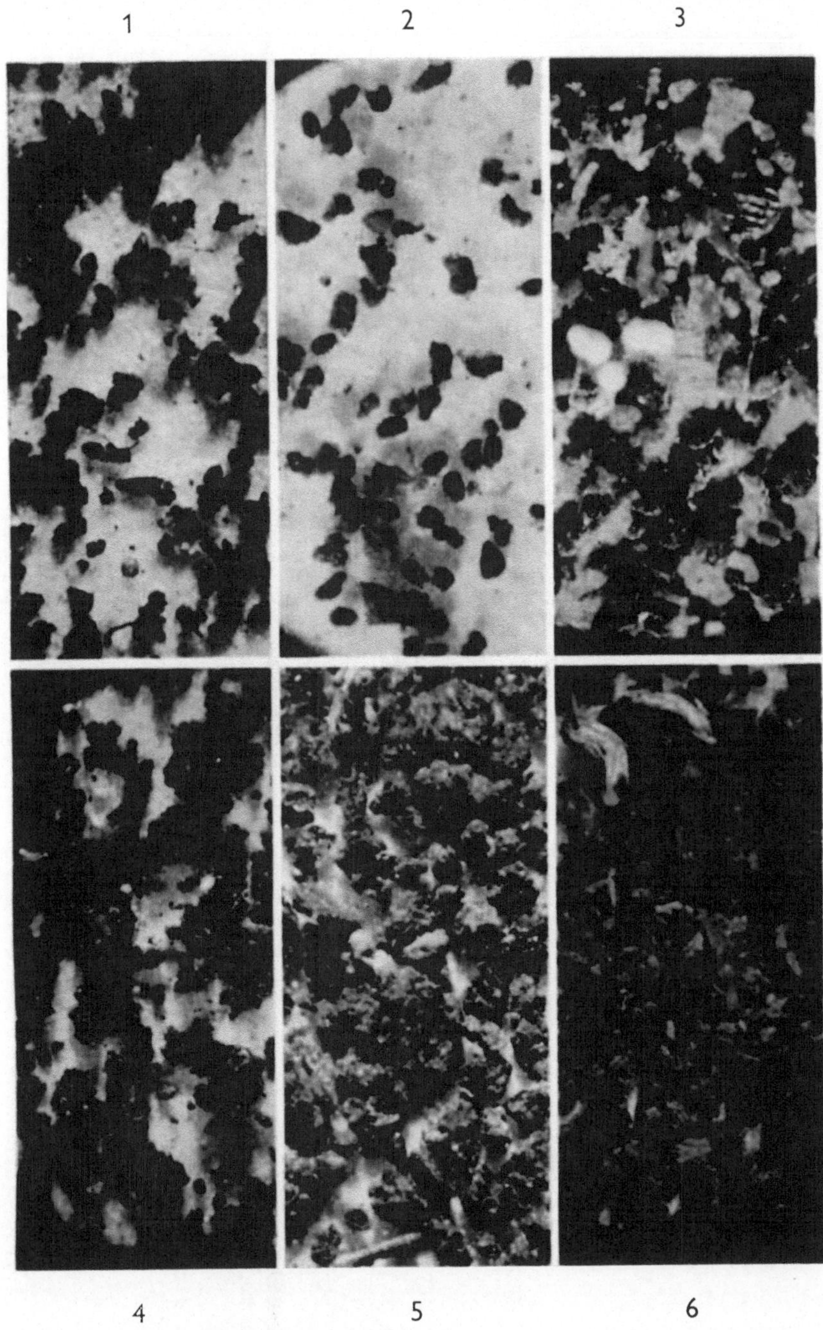

Tafel XXV

Tafel XXVI

Abb. 1: *Gyttja (Waldmoorhumus)* — Dünnschliff (Mikrodurchlichtbild 75 ×):
In einer schlammigen Grundmasse, die überwiegend aus dem Kot kleiner
Wassertiere hervorgegangen ist, sind glasklare (nackte) Mineralkörnchen und
Mineralsplitterchen sowie unzersetzte oder wenig zersetzte organische Abfälle
mehr oder weniger eingemischt; Wurmexkremente fehlen

Abb. 2: *Anmoorhumus (Schlamm)* — Dünnschliff (Mikrodurchlichtbild 75 ×):
Verschlämmtes Gemisch mineralischer Feinerdesubstanz mit amorphen
Feinhumuskomplexen und mit Pflanzenresten verschiedenen Zersetzungs-
grades; bei polarisiertem Licht betrachtet, erscheint die Grundsubstanz
stark doppeltbrechend

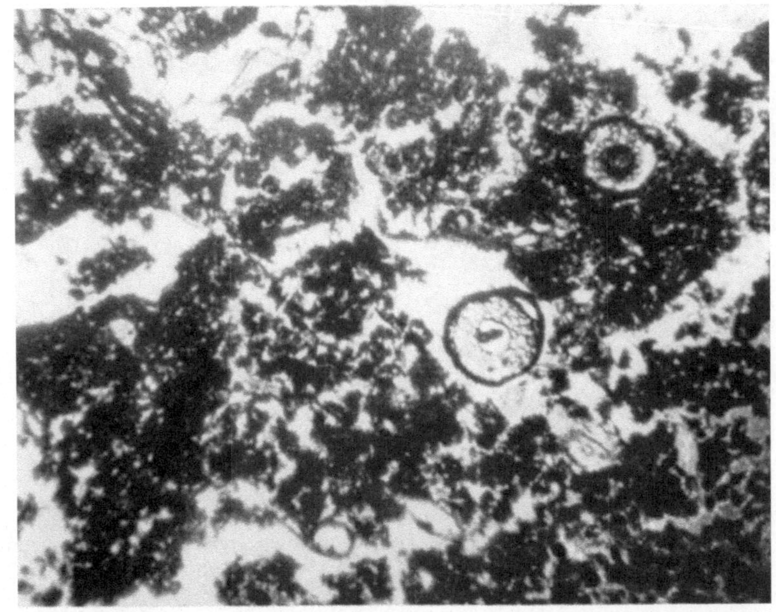

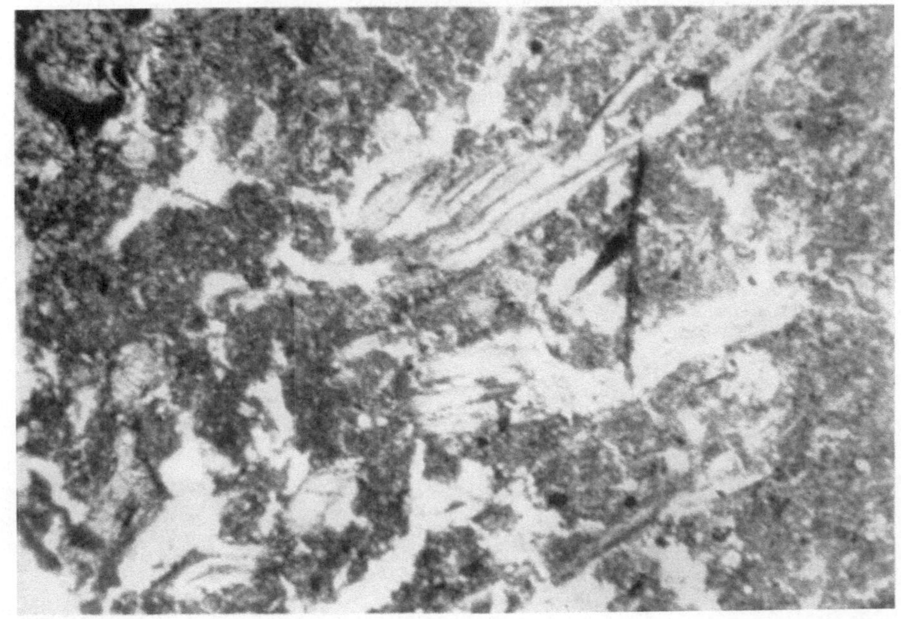

Tafel XXVI

Tafel XXVII

Abb. 1: *Lumbriciden-(Regenwurm-)Humus* — Dünnschliff (Mikrodurchlichtbild 75×): Bei gut erhaltenen Losungsformen sind in der humos-tonigen,
amorphen Grundsubstanz reichlich feinste und gröbere Mineralkörnchen und
Mineralsplitterchen eingebettet

Abb. 2: *Lumbriciden-(Regenwurm-)Humus* — Dünnschliff (Mikrodurchlichtbild bei polarisiertem Licht betrachtet 150×): Aus der opaken, dunkel
erscheinenden, humos-tonigen Grundsubstanz leuchten die eingeschlossenen
Mineralkörnchen und Mineralsplitterchen hell auf; aus der gedrängten
Anordnung dieser Mineralteilchen innerhalb der einzelnen Losungen lassen
sich die Umrisse dieser Losungen leicht erkennen; der Reichtum der Wurmexkremente an mineralischem Skelett tritt deutlich hervor

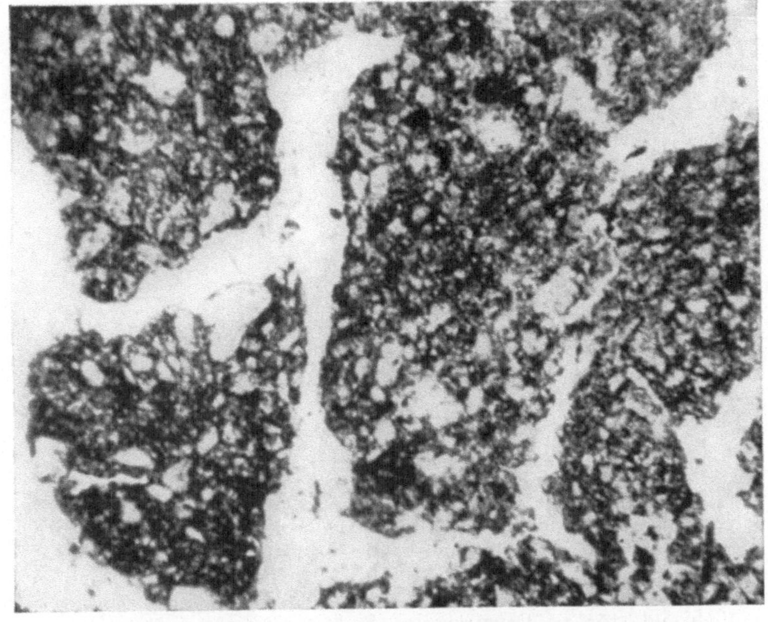

1

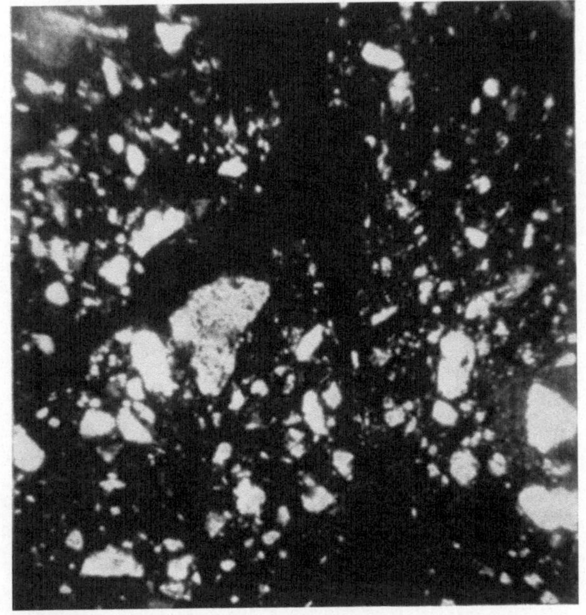

2

Tafel XXVII

Tafel XXVIII

Abb. 1: *Lumbriciden-(Regenwurm-)Humus* (Mikroauflichtbild 15×): Im allgemeinen gut erhaltene, knollig-nierige Exkremente der Würmer; Roteteilchen und Pilze stark zurücktretend

Abb. 2: *Lumbriciden-(Regenwurm-)Humus eines Salzsteppenbodens* (Mikroauflichtbild 15×): Drusenartige Sodaausblühungen aus Wurmlosungen

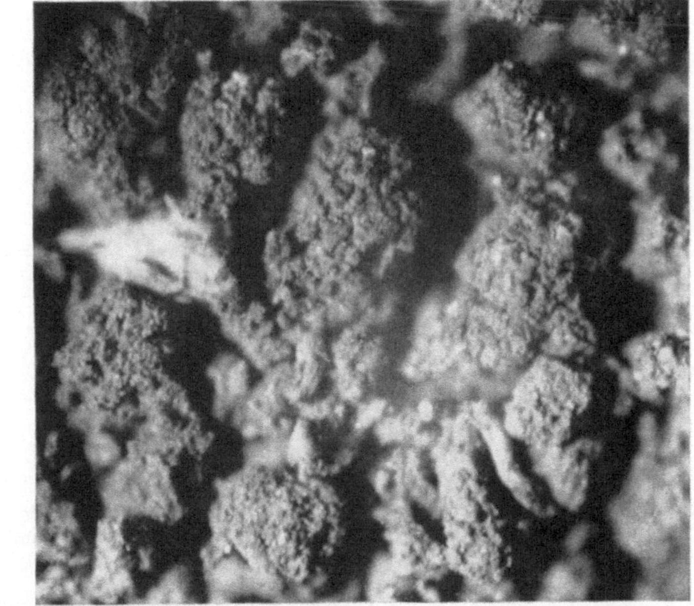

1

2

Tafel XXVIII

Tafel XXIX

Abb. 1: *Lumbriciden-(Regenwurm-)Humus einer Kalkschwarzerde* (Tschernosem) (Mikroauflichtbild 75×): Pilzmyzelartige Kalzitausblühung (Pseudomyzelbildung) aus Wurmlosungen

Abb. 2: *Kalzitkristallbildung aus der Bodenlösung einer Kapillare* bei
Tschernosem

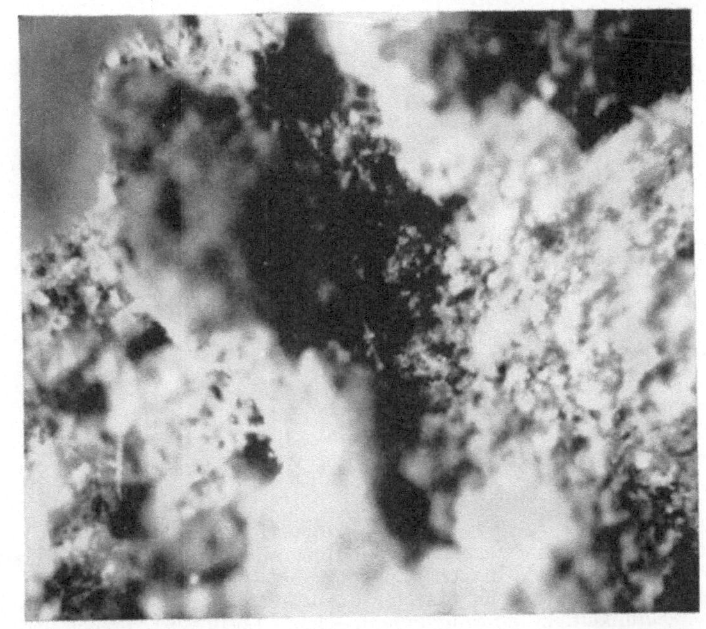

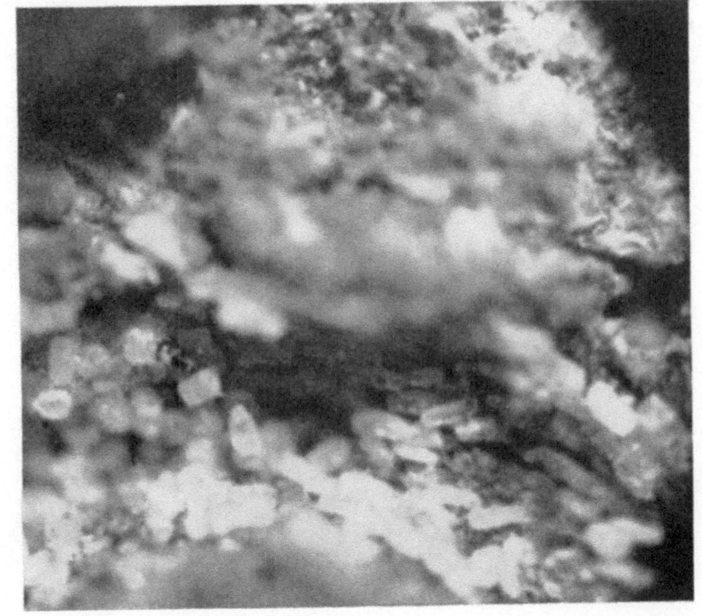

Tafel XXIX

Tafel XXX

Abb. 1: *Arthropodenfeinmoder* — Dünnschliff (Mikrodurchlichtbild 75×):
Locker gekrümelter zoogener Feinhumus reichlich vorhanden; verstreut frei-
liegende Losungen von Arthropoden; das Roteteilchen (mit noch gut erhal-
tenem Zellgewebe) zeigt frische Milbenfraßstellen mit hellen und mit bereits
nachgedunkelten, eiförmig-zylindrischen Losungen; örtlich treten Pilzhyphen auf

Abb. 2: *Arthropodenhumus, A_1-Horizont* — Dünnschliff (Mikrodurchlichtbild 75×): Im locker gefügten mineralischen Oberboden reichliche Ablagerung
mechanisch eingebrachter Feinhumuskomplexe bei mäßiger Beimischung
kleiner Bruchstücke von Rotesubstanz

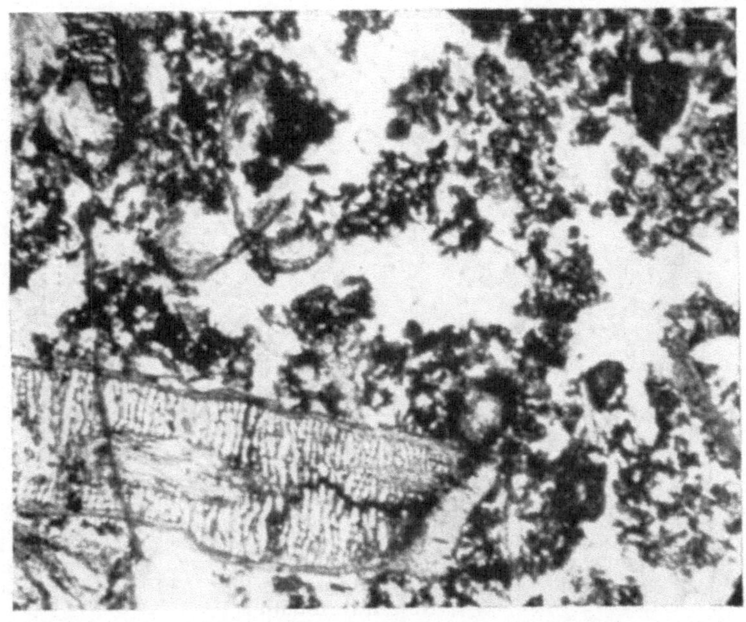

1

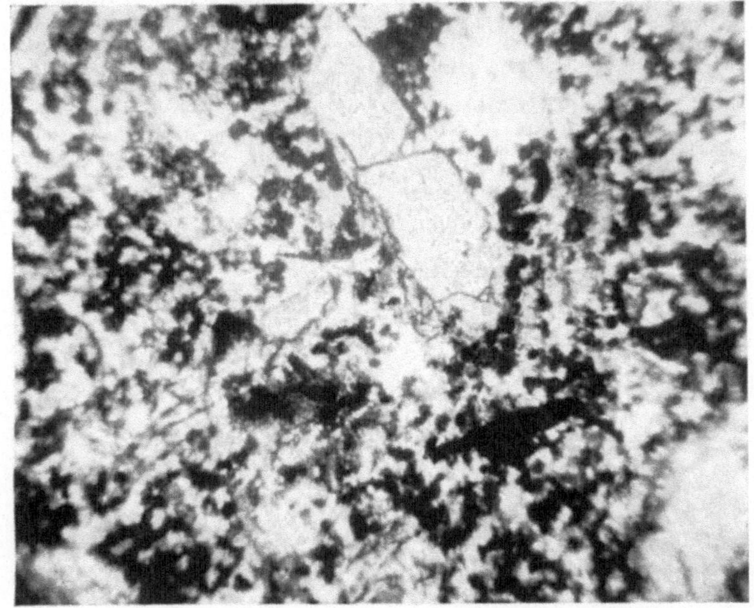

2

Tafel XXX

Tafel XXXI

Abb. 1: *Arthropodenfeinmull* — Dünnschliff (Mikrodurchlichtbild 75 ×):
Strukturloser, zoogener Feinhumus zu hohlraumreichen Krümeln gefügt;
in den Krümeln nur feinste Mineralsplitterchen und -körnchen in mäßiger
Menge vorhanden; gröberes minerogenes Skelett fehlt im Gegensatz zum
Regenwurmhumus

Abb. 2: *Pilzbeeinflußter Arthropodenhumus trockener Standorte, F-Horizont* —
Dünnschliff (Mikrodurchlichtbild 150 ×): Locker gelagerte Roteteilchen (von
Pilzgespinsten stark umsponnen) zeigen zum Teil bereits geöffnete Kavernen;
Kotablagerungen in den Kavernen verraten Milbenfraß, während daselbst
Pilzhyphen auch auf Pilztätigkeit schließen lassen; die Kavernen stellen
sich demnach als das Ergebnis von Milben- und Pilztätigkeit dar; außerhalb
der Roteteilchen beachtliches Vorkommen frei gelagerter, eiförmig-zylindrischer Milbenkotteilchen, wobei helle und nachgedunkelte Losungen festzustellen sind (Kennzeichen für die erste und zweite Phase der Arthropodenhumusbildung)

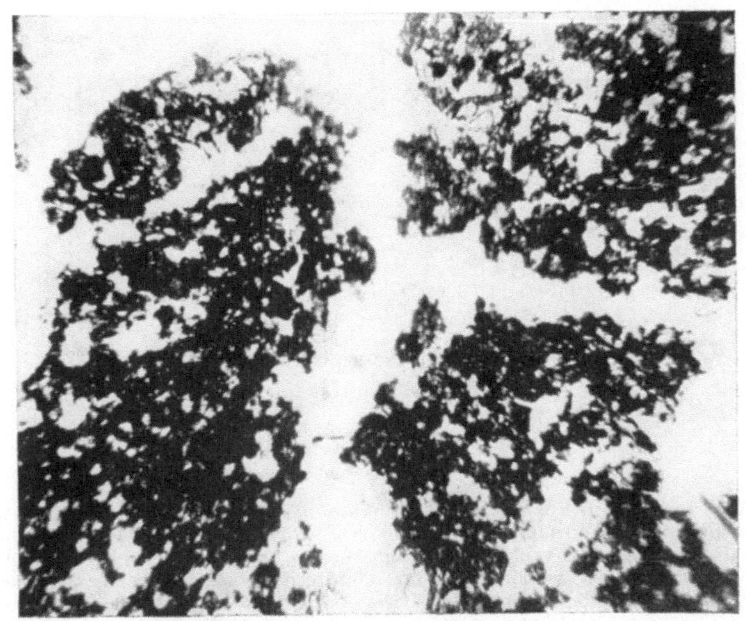

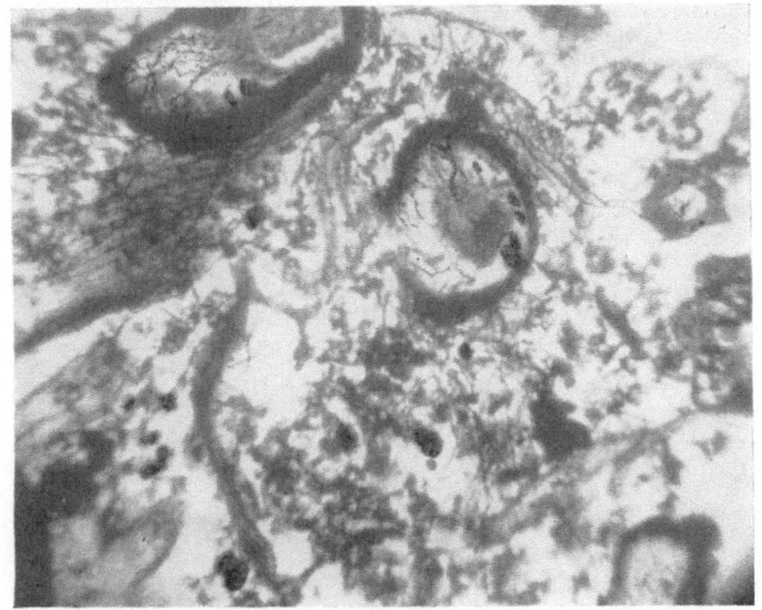

Tafel XXXI

Tafel XXXII

Abb. 1: *Pilzbeeinflußter Arthropodenhumus trockener Standorte, H-Horizont* —
Dünnschliff (Mikroauflichtbild 75 ×): *Pilzarmes* Gemisch von ausgehöhlten
Pilzhumusteilchen mit Rindenbruchstücken und zwischengelagertem Arthro-
podenfeinhumus, wobei die in ihrer eiförmig-zylindrischen Gestalt noch gut
erhaltenen Milbenlosungen hervortreten (Beweis, daß die Arthropodenhumusbildung im *Grobmoderstadium* steckengeblieben ist)

Abb. 2: *Pilzbeeinflußter Arthropodenhumus frischer bis feuchter Standorte,
F-Horizont* — Dünnschliff (Mikrodurchlichtbild 150 ×): Lockeres, *von Pilzhyphen durchzogenes* Gemisch von Roteteilchen, die zum geringen Teil vom
Milbenfraß befallen (im Bild links) sind und zum großen Teil unter Pilzeinfluß
stehen

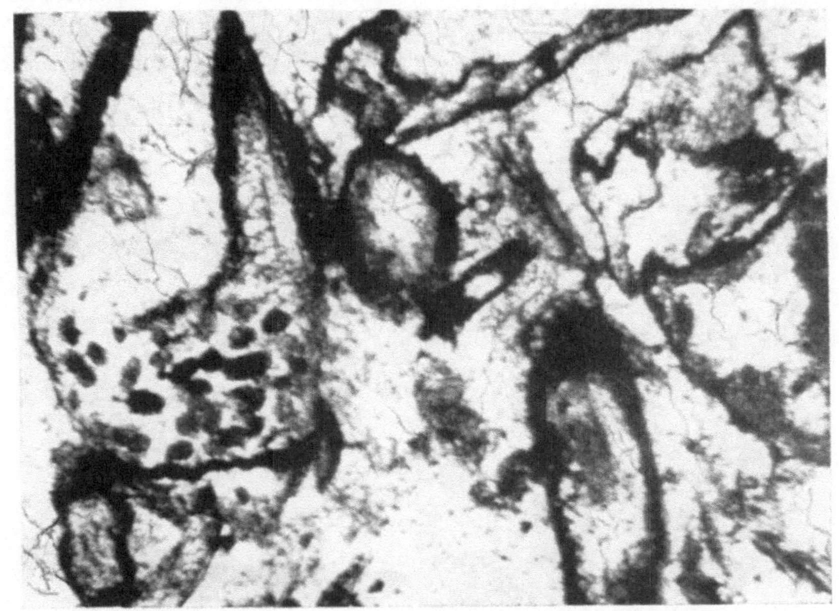

Tafel XXXII

Tafel XXXIII

Abb. 1: *Pilzbeeinflußter Arthropodenhumus frischer bis feuchter Standorte, H-Horizont* — Dünnschliff (Mikrodurchlichtbild 75×): Von *Pilzhyphen und Hyphensträngen dicht durchsetztes* Gemisch von Roteteilchen (zum Teil von Pilzen ausgehöhlt) und von einer beachtlichen Menge zoogener Feinhumuskomplexe, die Neigung zur Krümeligkeit zeigen

Abb. 2: *Natürliche Anwuchspflanzen von Fichte:* Obere Reihe: Pflanzen eines frischen Standortes mit pilzbeeinflußtem Arthropodenhumus; durch Pseudomykorrhizabildung unterbundene Wurzelentwicklung. Untere Reihe: Pflanzen eines frischen Standortes mit zoogener Zwillingshumusbildung; normale Wurzelentwicklung

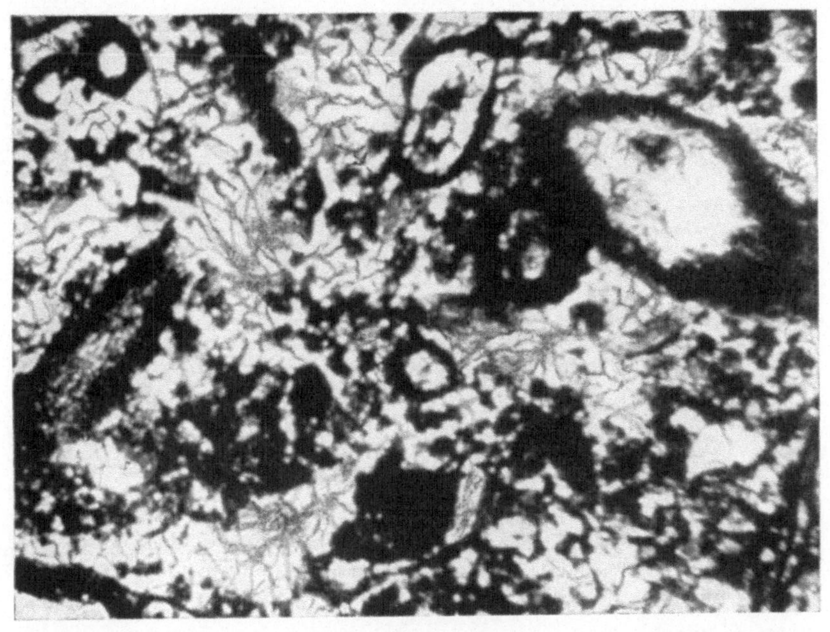

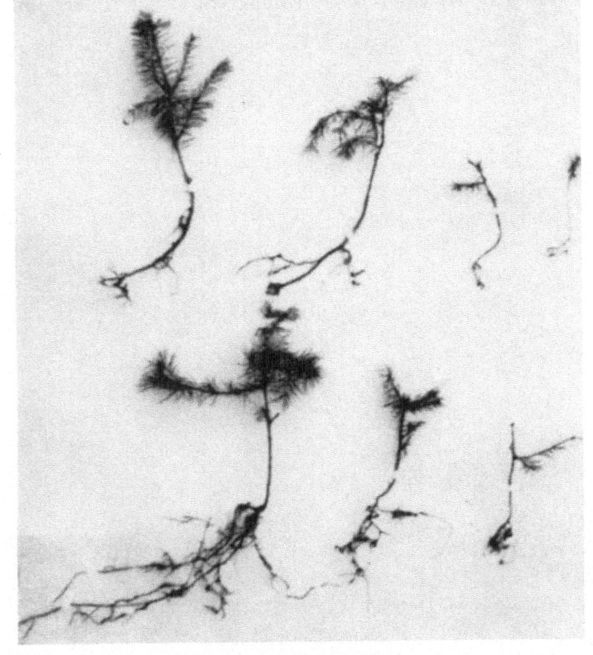

Tafel XXXIII

Tafel XXXIV

Abb. 1: *Pilzhumus* (Mikroauflichtbild 75 ×): Die organische Abfallsubstanz (inkl. Streuschicht) ist von dichtem Pilzgespinst umgeben und zu einer in Stücken abhebbaren Schicht verfilzt

Abb. 2: *Pilzhumusteilchen* — Dünnschliff (Mikrodurchlichtbild 150 ×): Der Längsschliff durch eine Fichtennadel zeigt weitgehende Herauslösung des Innengewebes durch Pilze; die derart entstandene Kaverne ist frei von Tierkot; das Roteteilchen ist reichlich von Pilzhyphen umgeben

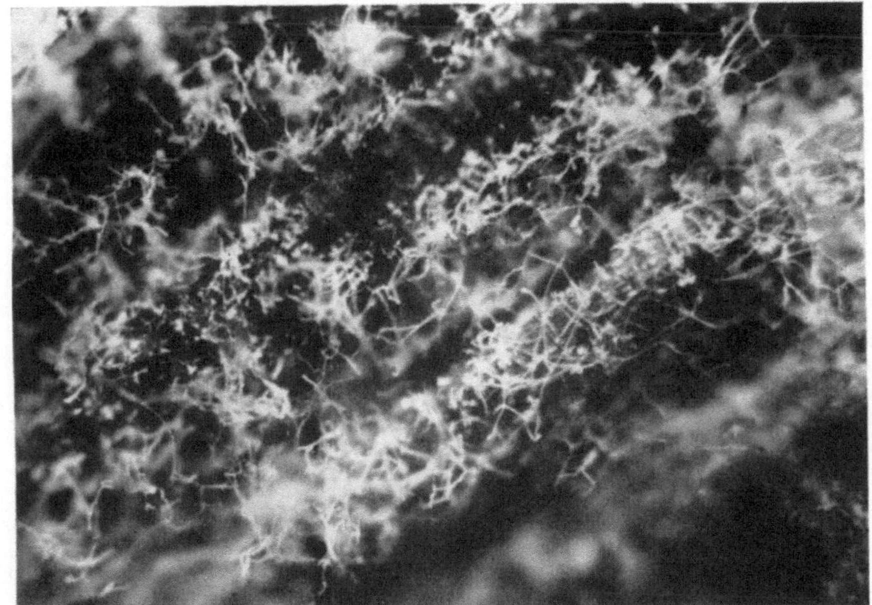

Tafel XXXIV

Tafel XXXV

Abb. 1: *Pilzhumus im Zustand beginnender Vertorfung* — Dünnschliff (Mikrodurchlichtbild 150×): Torfartige, ausgehöhlte Roteteilchen und deren
Bruchstücke sind von einer bereits ausklingenden, schütteren Pilzvegetation
umgeben; zoogene Humusteilchen nur in Spuren vorhanden

Abb. 2: *Pilzhumus im Zustand des Trockentorfs* — Dünnschliff (Mikrodurchlichtbild 150×): Dicht gelagerte, torfartige, vorwiegend ausgehöhlte
Roteteilchen und Bruchstücke dieser Art bilden, bei bereits völlig zurücktretender Pilzvegetation, eine biologisch praktisch untätige Humusschicht,
womit sich der torfartige Charakter dieser Humusformation bestätigt

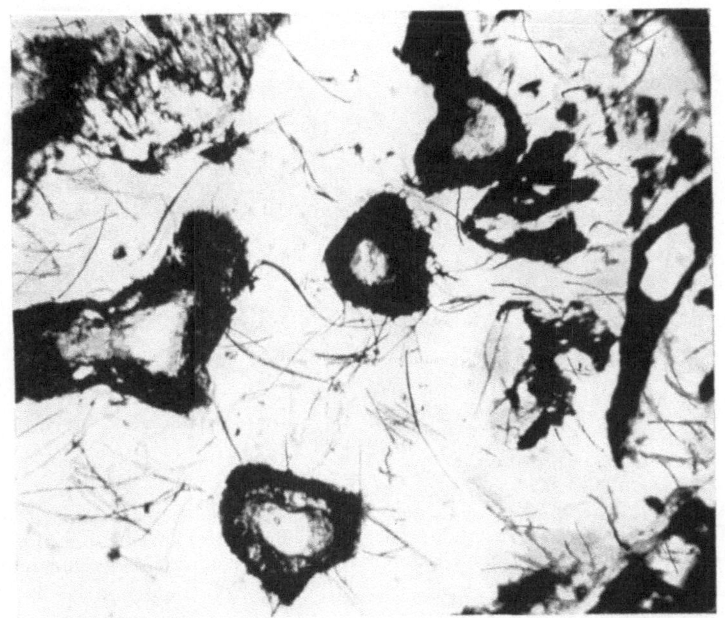

1

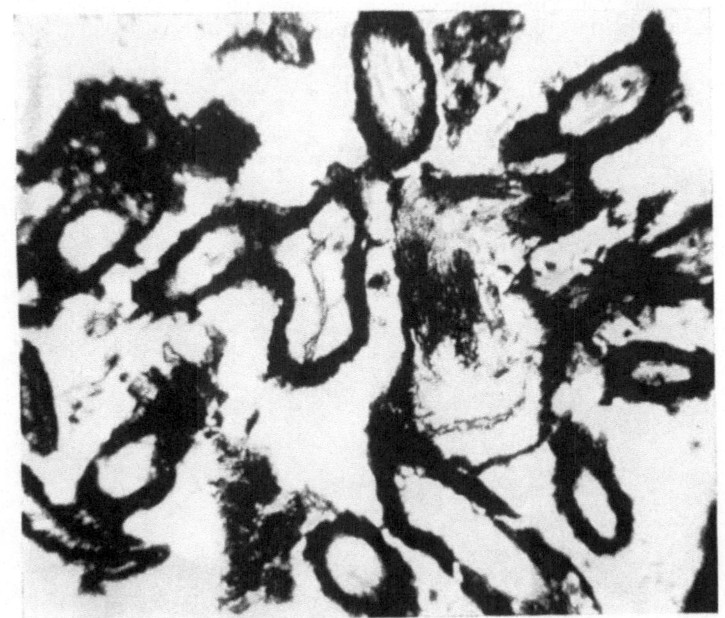

2

Tafel XXXV

Tafel XXXVI

Abb. 1: *Fichtenpflanze eines Standortes mit extremer Pilzhumusbildung:* Ein
über 40jähriges Fichtenbäumchen mit Pseudomykorrhizabildung an den
armverzweigten, typischen Hungerwurzeln steht unmittelbar vor dem Ablauf
seines Hungerdaseins

Abb. 2: *Pilzhumus-Trockentorfteilchen* — Scharfschnitt (Mikroauflichtbild
15×): Im Querschnitt des Fichtenholzteilchens ist Zelluloserestgewebe zu
sehen, das von Pilzen nur teilweise herausgelöst wurde; Pilzhyphen fehlen,
ein Beweis, daß die Pilzhumusbildung bereits zum Abschluß gekommen ist

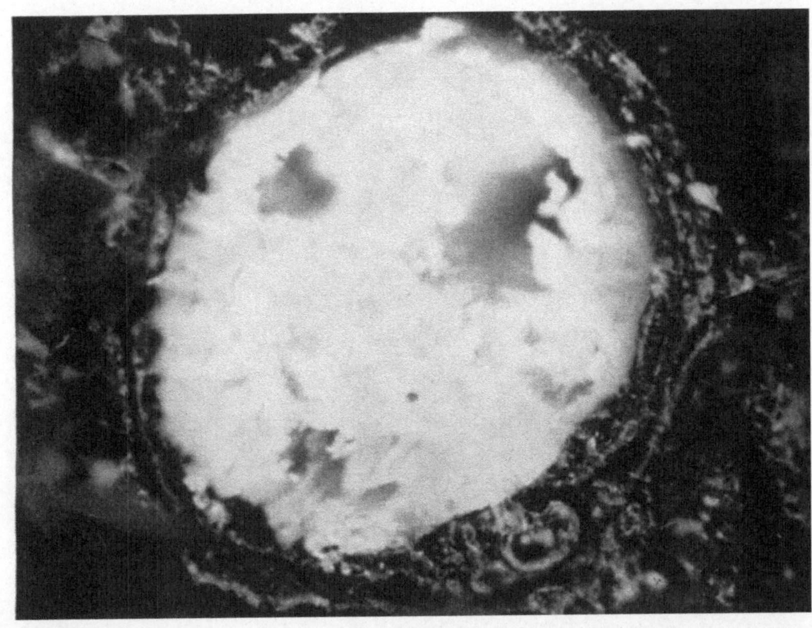

Tafel XXXVI

Tafel XXXVII

Abb. 1: *Sphagnumhumus* (Mikroauflichtbild 15×): Torfmoosreste in ihrer äußeren Gestalt sehr gut erhalten; sporadisch eingestreut Fäulnishumuspaketchen; Pilzhyphen stark zurücktretend

Abb. 2: *Sphagnumhumus* — Dünnschliff (Mikrodurchlichtbild 15×): Torfmoosreste morphologisch noch gut erhalten; in geringen Mengen verstreut finden sich die im Bilde schwarz erscheinenden, an sich rotbraunen Fäulnishumuspartikelchen und gröbere rundliche Gebilde, sogenannte plektenchymatische Sklerotien (Pilzdauerstadien), die pilzlichen Einfluß anzeigen

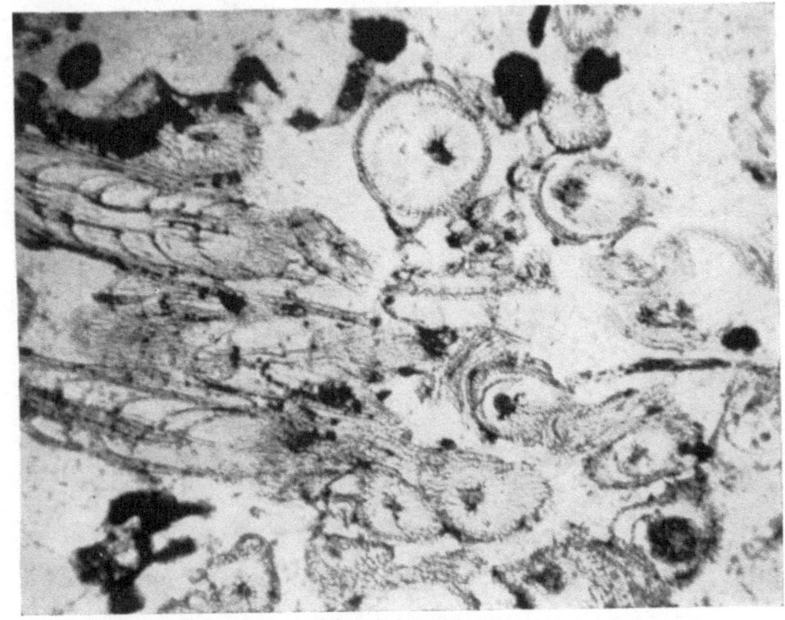

Tafel XXXVII

Tafel XXXVIII

Abb. 1: *Adventivwurzelbildung* an Fichte, verursacht durch die Entwicklung
einer sekundären (pathologischen) Sphagnumhumusschicht, die sich auf
kohligem Fäulnishumus aufbaute. Die im Sphagnumhumus stockenden
Wurzeln zeigen die peitschenartige, geringverzweigte Form typischer Hungerwurzeln

Abb. 2: *Wurzelstock einer zirka 60jährigen Fichte*, deren Standort innerhalb
5 bis 6 Jahren von einer üppigen Torfmoosvegetation überwuchert wurde.
Durch das rasche Anwachsen des Mooses ist der im kohligen Fäulnishumus
stockende, primäre Wurzelkomplex erstickt. Als Ersatz für diesen Wurzel-
verlust entwickelte die Fichte einen sekundären Hungerwurzelkomplex im
Bereich des Sphagnumhumus

1

2

Tafel XXXVIII

Tafel XXXIX

Abb. 1: *Natürliche Fichtenanwuchspflanzen eines Sphagnum-Waldmoors:* Mit dem Anwachsen der Torfmoosmasse sterben die vom Moos erfaßten Fichtenäste durch Verdämmung ab. Gleichzeitig ersticken die jeweils untersten Wurzelpartien. An Stelle der abgestorbenen Astquirlen entwickeln sich *Adventivwurzelquirlen.* Diese eigenartige, physiologisch durchaus begründete Gesetzmäßigkeit ist bei allen Fichtenmoorpflanzen auf Standorten mit Sphagnumhumus festzustellen

Abb. 2: *60jähriges Fichtenstangenholz im aussichtslosen Endkampf mit dem rasch anwachsenden Sphagnum.* Der Bestand ist aus einer wüchsigen Fichtenpflanzung auf feuchtem Wurmmullboden eines Stagnogleys hervorgegangen (Waldrevier *Fürstenfeld*, Steiermark)

1

2

Tafel XXXIX

Tafel XL

Abb. 1: *Charakteristische Wurzeltypen an Abies pektinata (Weißtanne)*
(einjährige, natürliche Anwuchspflanzen): Pflanzen 1 und 2: Frischer zoogener
Zwillingshumus; optimale Lichtverhältnisse (beste Bedingungen für Tannen-
Naturverjüngung). Pflanzen 3 und 4: Standort wie vorher, aber Lichtmangel.
Pflanzen 5 und 6: Trockener, humusarmer Boden (stark gedrosseltes Wurzel-
wachstum). Pflanzen 7 und 8: Frischer zoogener Zwillingshumus mit stärkerer
Nadelstreu-Grobmoderschicht; im Grobmoder Entwicklung langer, un-
verzweigter Wurzeln, während im nach unten folgenden Mullhorizont reiche
Wurzelverzweigung auftritt. Pflanzen 9 und 10: Pilzbeeinflußter Arthropoden-
humus verursacht starke Drosselung der Wurzelentwicklung innerhalb des
Auflagehumushorizontes (für Tannen-Naturverjüngung wenig geeignet).
Pflanzen 11 und 12: Trockenklima innerhalb des Auflagehumus drosselt
daselbst die Seitenwurzelbildung (erschwerte Entwicklung ausreichender
Tannen-Naturverjüngung). Pflanzen 13 und 14: Mullartiger Arthropoden-
bzw. Zwillingshumus auf hochanstehendem Fels (gute Voraussetzung für
Tannenverjüngung bei ausreichender Abschirmung gegen Sonne und Wind).
Pflanzen 15 und 16: Sphagnumhumus veranlaßt die Entwicklung besonders
langer Keimwurzeln und drosselt die Entwicklung von Seitenwurzeln

Abb. 2: *Torfmoos-(Sphagnum-)Abfallteilchen mit selten auftretendem Milbenfraß bei gleichzeitig beachtlichem Pilzeinfluß:* Bildung weißer, zellulosereicher
Exkremente ohne Nachdunkelung derselben beweist die Bedeutungslosigkeit
dieses Milbenfraßes bezüglich Bildung guter Humussubstanz (echter Humusstoffe)

1

2

Tafel XL

Tafel XLI

Abb. 1: *Urwald von Sequoia sempervirens* (Grizzly Flat Grove, U. W. California, USA): Mehrtausendjährige Urwaldriesen mit Baumhöhen von über 100 m und mit Schaftdurchmesser von 3 bis 5 m und darüber entwickeln sich auf Standorten mit zoogenem Zwillingshumus und farnreichem Oxalis-Schatten-kräutertyp

Abb. 2: *Sumpfwald von Taxodium distichum* (Flußniederungen des Mississippi und Floridas in den USA): Typisch für Waldstandorte mit Gyttja- oder Grauschlammbildung

Tafel XLI